油气管道标准境外适用性研究丛书

油气管道标准信息化技术

《油气管道标准信息化技术》编委会 著

中国质量标准出版传媒有限公司
中国标准出版社
北 京

图书在版编目（CIP）数据

油气管道标准信息化技术 /《油气管道标准信息化技术》编委会著 . —北京：中国质量标准出版传媒有限公司，2021.12

（油气管道标准境外适用性研究丛书）

ISBN 978-7-5026-4945-6

Ⅰ. ① 油⋯　Ⅱ. ① 油⋯　Ⅲ. ① 石油管道—技术标准—信息技术—评价 ② 天然气管道—技术标准—信息技术—评价　Ⅳ. ① TE973-65

中国版本图书馆 CIP 数据核字（2021）第 100604 号

中国质量标准出版传媒有限公司　出版发行

中　国　标　准　出　版　社

北京市朝阳区和平里西街甲 2 号（100029）

北京市西城区三里河北街 16 号（100045）

网址：www.spc.net.cn

总编室：（010）68533533　发行中心：（010）51780238

读者服务部：（010）68523946

中国标准出版社秦皇岛印刷厂印刷

各地新华书店经销

*

开本 787×1092　1/16　印张 7.75　字数 157 千字

2021 年 12 月第一版　　2021 年 12 月第一次印刷

*

定价：60.00 元

丛书编委会

本书编委会

主　　编：祝悫智

副 主 编：刘　冰　　郭德华

编写人员：潘　腾　　马江涛　　曹　燕　　张　妮

　　　　　赵明华　　王连爽　　董方昊　　熊　辉

　　　　　高山卜　　谭　笑　　薛鲁宁　　张　斌

　　　　　刘艳双　　李云杰　　刘守华　　冯　丹

　　　　　孙大微　　崔秀国　　赵晋云　　马伟平

审定专家：汪　滨　　冯庆善　　张宝林　　刘玲莉

标准和标准化是国民经济与社会发展的技术支撑，标准在助推我国高质量发展转型过程中的基础性、战略性和引领性作用日益凸显。一个企业，一个行业，一个国家，要在激烈的国际竞争中立于不败之地，必须深刻认识标准的重要意义。

近些年来，我国油气管道领域标准化工作取得了长足发展，例如：首次开展企业标准体系建设创新实践、先进技术标准积累和研制突飞猛进、标准信息化技术水平跨越式发展、标准化人才培养储备贡献突出等。尤其是随着油气管道技术的劈波斩浪，管道运维技术不断赶超国际先进水平，国内管道企业在着力推动标准国际化工作，主导制定国际标准，推动中国标准在"一带一路"沿线国家应用转化方面均获得重大突破，对于提升中国标准的国际话语权和深化中国技术的国际影响力贡献巨大。

因此，国家管网集团组织撰写了这套"油气管道标准境外适用性研究丛书"，全套丛书共有7个分册，包括《油气管道标准境外适用性研究》《油气管道标准体系建设理论与实践》《油气管道标准适用性评价理论与实践》《油气管道标准信息化技术》《油气管道国际及国外先进标准培育研究》《中外油气管道标准比对研究》《油气管道标准境外应用实践》。分别对油气管道领域标准体系建设、标准评价、标准国际化、标准信息化、技术标准对标以及标准境外应用实践等进行了详细介绍。

期冀此套丛书作为油气管道领域标准化工作"十四五"发展的新起点，助力油气管网高技术发展、促进高水平开放、引领高质量发展，为打造中国特色世界一流油气管网提供支撑和保障。同时也希望此套丛书能够为其他行业提供借鉴，共同推动我国标准化事业大发展，有效推动我国综合竞争力提升。

2021 年 10 月　北京

>>> 序言二

标准是经济活动和社会发展的技术支撑，是国家基础性制度的重要方面。标准化在推进国家治理体系和治理能力现代化中发挥着基础性、引领性作用。近日，中共中央、国务院印发了《国家标准化发展纲要》（以下简称《纲要》），为新时代新发展格局下推进我国标准化事业发展绘制了蓝图。《纲要》提出我国标准化发展指导思想为"立足新发展阶段、贯彻新发展理念、构建新发展格局，优化标准化治理结构，增强标准化治理效能，提升标准国际化水平，加快构建推动高质量发展的标准体系，助力高技术创新，促进高水平开放，引领高质量发展，为全面建成社会主义现代化强国、实现中华民族伟大复兴的中国梦提供有力支撑"。《纲要》专门就"标准化开放程度"设立了发展目标，提出标准化开放程度显著增强，标准化国际合作深入拓展，互利共赢的国际标准化合作伙伴关系更加密切。《纲要》还部署了深化标准化交流合作、强化贸易便利化标准支撑以及推动国内国际标准化协同发展等重点任务。"十四五"期间中国标准对外开放将任重而道远。

"十三五"期间，在国家重点研发计划"国家质量基础的共性技术研究与应用"（NQI）重点专项中，中国标准化研究院联合国家管网集团等多家单位承担了"中国标准走出去适用性技术研究"一期和二期两个连续性重大项目，旨在通过开展中国标准境外适用性技术研究，增强我国在国际经济技术贸易规则和标准制定中的贡献度和影响力，进一步发挥标准促进世界互联互通的作用，为"一带一路"建设提供标准解决方案。

经过长达五年的攻关研究，"中国标准走出去适用性技术研究"项目圆满收官。由国家管网集团负责承担的其中一项重要课题"我国油气管道标准走出去适用性技术研究"取得很好的成果成效。该课题通过开展多方位、多层次、多维度的实地调研以及问卷调查和专家访谈研讨，为标准走出去提供扎实的基础支撑；通过宏观对标、微观对标、技术对标、管理对标、标准对标和案例对标，深入开展比对分析，为标准走出去提供有效的技术支持；通过特点分析、路线确定、实践结合和部署规划，开展标准走出去技术路径和方案的顶层设计；通过需求分析、技术攻关、实力提升和多层推动，开展标准走出去实践探索；通过定量评价、指标体系构建、制度搭建和成果转化，注重总结提炼，形成丰富有形化成果，为标准走出去提供可复制的示范推广。该课题创新提出一套包括政策适用性、技术内容适用性、经济适用性、环境适用性以及潜在风险在内的标准走出去适用性定量评价指标体系，具有科学性、普适性和可复制性；特别绘制出一幅包括采用方法、技术路线、总体思路和实现目标在内的标准走出去思路和涵盖国家、行业和企业三个维度的技术路线图，为我国其他行业和领域的标准走出去提供了极具借鉴意义的行动指南。

国家管网集团依托长期以来的标准化创新研究成果，勇于创新，为油气管道领域标准化事业，尤其是标准国际化事业做出了积极贡献。为进一步总结标准化研究与实践的优秀成果和经验，经过上百名专家及编者长达三年之久的打磨，终于将"油气管道标准境外适用性研究丛书"呈现给读者朋友们。这套专著分别从标准境外适用性研究、标准体系建设理论与实践、标准适用性评价理论与实践、标准信息化技术、国际及国外先进标准培育研究、标准比对研究以及标准境外应用实践七个方面进行了深入浅出的系统阐述，为读者系统地了解油气管道领域标准化工作打开了一扇窗，也为其他行业标准化工作提供了新的借鉴，是标准国际化领域不可多得的优秀之作。

中国标准化研究院　副院长

2021 年 10 月　北京

>>>> 前　言

　　管道运输是现代交通运输体系的重要组成部分，与公路、水路、铁路、航空并称为世界五大运输方式。我国的油气管道运输业走过了六十余年的发展历程，实现了从无到有、从小到大的跨越式发展，基本形成了"横跨西东，纵贯南北，覆盖全国，联通海外"的油气管网格局。长输油气管道是保障我国能源安全、经济发展、社会稳定的重要国家基础设施。2019 年 12 月 9 日，国家石油天然气管网集团有限公司（以下简称"国家管网集团"）成立，这是我国油气管道行业发展的里程碑。国家管网将以服务国家战略、服务人民需要、服务行业发展为宗旨，打造智慧互联大管网，构建公平开放大平台，培育创新成长新生态，势必将给我国油气管道行业带来深远影响。

　　近年来，国家越来越重视标准化工作，从深化标准化改革到标准联通共建"一带一路"行动计划，一系列动作无不昭示标准化工作的重要作用。国家管网集团主要从事我国油气干线管网及储气调峰等基础设施的投资建设和运营，负责干线管网互联互通和与社会管道联通，以及全国油气管网的运行调度，实现基础设施向用户公平开放。作为新成立的国家能源领域支柱企业，国家管网集团的业务管理和发展离不开标准化工作。

　　标准化工作作为国家管网集团高效稳定运营的重要抓手，离不开标准信息化工作的支持。标准信息化工作是标准管理、标准体系建设、标准比对[1]研究和标准国际化等工作的信息化支撑手段。标准信息化工作通过提供统一的标准信息管理平台，协助标准化技术委员会发挥职责、履行作用，为标准用户提供便捷的信息共享服务，运用内容揭示、可视化分析、大数据、云计算等先进信息技术分析标准技术特

---

[1]　本书中涉及的国内外标准有效性及统计数据截止时间为 2020 年 12 月（项目完成时间）。

性及指标差异，促进企业生产技术、经营管理活动科学化与规范化，从而推动企业技术和管理水平提升。

本书重点介绍了近年来油气管道领域标准信息化方面相关成果及实践经验。通过将标准全文数字化加工技术、题录检索技术、全文检索技术、揭示检索技术、可视化技术、移动检索技术等应用于油气管道领域，陆续设计开发了油气管道标准信息管理系统、油气管道标准内容揭示系统 PC 端、移动 App 客户端和标准可视化系统。实现了对标准信息的深度检索，以及标准技术指标的精确定位和横向对比；实现了标准信息的移动检索和检索过程及结果的可视化。

本书是国家重点研发计划"国家质量基础的共性技术研究与应用"专项"中国标准走出去适用性技术研究（二期）"（项目编号：2017YFF0209500）中课题"重大装备标准走出去适用性技术研究"（课题编号：2017YFF0209503）的子课题"我国油气管道标准走出去适用性技术研究"（子课题编号：2017YFF0209503-05）的系列成果之一。

感谢本书编写过程中有关领导的关心和支持，感谢专家对本书内容的审阅并提出宝贵意见。在编写本书过程中参考了同领域部分专家、学者的著作和研究成果，在此一并表示衷心的感谢。

由于本书涉及技术领域广泛，相关资料来源有限，加之著者的水平有限，因此内容难免有疏漏和错误之处，恳请专家和读者批评指正。

本书编委会

2021 年 1 月

目 录

>>>

第一章　概　论

第一节　标准信息化发展现状及趋势

一、标准信息化的意义

随着全球经济一体化进程的快速推进，我国经济正日益融入世界经济全球化的大局中。经济全球化、服务信息化是 21 世纪最典型的特征，也是开展标准信息工作新的外部环境。借助各种现代化的信息交流传递手段，标准信息的使用和管理越来越方便、快捷。尤其是计算机和网络的快速发展，使得标准信息化从内容到方式都产生了极大的变化。

1. 标准资料的加工、整理和保存方式更加先进

传统的标准资料入库保存，需要经过搜集、编目、建立卡片、整理加工和纸型资料上架等过程。每一过程都需要一定的人员和相应的工作程序，对手工操作的依赖性比较大。而标准资料过去一向是以书籍、文件的形式保存，其存放环境空气浑浊，库房占地面积大，书架笨重，文本虽经尽力保护但仍不免受灰尘、潮气和光线等的影响，这是过去大多数标准馆藏资料所面临的情况。

目前，标准资料多采用电子形式保存，标准资料通过扫描或直接录入计算机，保存成计算机文件格式，刻制成光盘。这种形式不仅能够长期、安全和完整地保存标准资料，而且为标准资料的进一步加工、整理和使用提供了方便。国内外许多标准制定及出版机构都已经采用这一形式，提供成套标准资料。

随着现代科技的进步，计算机存储技术在不断改进，与之配套的软件也在不断完善，这使用户使用起来更加便捷。现在大多数的标准文件的电子版文件，均以 PDF 文件格式存储，这种文件格式具有比其他文件格式更适合作为电子文本的优点：一是文件体积小，二是图像质量好，三是易于进行后期的加工整理。以美国材料与试验协会（ASTM）标准为例，1999 年，ASTM 的电子版文件就已经采用 PDF 格式存储，需要 8 张光盘；而在短短两年时间内，其光盘产品经几次改进，由 8 张盘分别压缩为 6 张盘、4 张盘，最后仅需 2 张光盘就将全部 11 000 多项标准保存。

电子文件还可以根据其不同用途，利用相应的系统，使多个用户能够同时通过网络共同阅览和使用。

2. 标准资料查寻、检索更加便利

电子版的文件检索工具已经被广泛接受，它正在逐步替代卡片和书本式的标准检索目录。新形式的标准计算机检索软件不仅能够提供标准编号的检索，而且能够根据单个专业术语对标准内容和标题进行指定范围的精确和模糊检索，并且在检索到标准名称的同时，提供标准内容的简要介绍，这大大提高了标准检索速度和检索准确性。

在相关的标准信息服务网站上，还可以实现网上检索。目前国际标准化组织（ISO）、美国汽车工程师学会（SAE）、ASTM 等网站，都提供网上标准检索服务。

3. 标准资料提供方式更加多样

互联网技术的不断发展，使许多标准资料可以直接通过网络提供。目前，世界各地的标准用户都可以通过互联网查询检索各大国际知名标准机构的标准，并且有些标准机构提供标准下载服务，标准使用者可以通过网上付费下载的方式，直接得到自己所需要的标准。目前，国内广泛采用的标准提供方式有：标准文本门市销售和邮购；标准复印件邮寄、传真；光盘版标准销售和定制；电子版文件打印或以电子邮件形式发送。随着信息网络技术的发展，国内各标准管理机构也基本开发了标准信息系统，以提供标准资料的检索和购买服务。

4. 标准资料更新频率加快

按照惯例，国内外各种标准修订和更新周期为 5 年，成套标准每年都会有一次更新和补充。随着科技发展不断加快，标准的修订和更新也越来越快，以 ASTM 标准为例，ASTM 标准年鉴在 1965 年以前是每三年出版一次，1965 年以后为每年出版一次。自从 20 世纪 90 年代光盘版 ASTM 标准面世以来，其每年更新四次。而对于单个标准，也会根据技术变化和按照应用的需求，持续进行不定期的重新审定、修订和更新。

二、标准信息化技术发展历程

随着信息技术的发展，标准信息资源的检索经历了 3 个阶段：手工检索工具、光盘检索系统和网络检索系统。

1. 手工检索工具

标准信息资源的手工检索工具主要指各种期刊、目录等，需要人工直接查找。它是在较长的历史时期中逐步形成和完善起来的，并为人们所熟知，故又称传统的检索工具。随着技术的发展，有些期刊不仅以纸质形式出版，还以电子形式出版，虽然为电子期刊，但其中标准信息的检索方式仍为传统的手工方式，故将其统称为手工检索工具。

（1）标准化期刊

期刊是标准制定机构传播标准化知识和信息的传统媒体。大部分标准制定机构均出版相关期刊，这些期刊除刊登标准制定、使用等方面的论文和工作进展外，一个最重要的功能就是发布最新的标准草案信息、新出版的标准信息以及作废标准的信息。

ISO 出版的《聚焦 ISO》（*Focus on ISO*）期刊，每年出版 11 期，除 7 月份和 8 月份合并出版 1 期外，每月出版 1 期。在 2004 年以前，ISO 的期刊名称为《ISO 通报》（*ISO Bulletin*），每期期刊中的黄页部分为最新的标准草案信息、最新出版的标准信息和作废标准的信息。2004 年以后，为了更好地宣传这些信息，ISO 以《聚焦 ISO 副刊》（*Supplement to ISO Focus*）的形式专门单独出版黄页专刊。对于标准草案而言，黄页专刊上刊登上一个月内 ISO 新制定的委员会草案（CD）、国际标准草案（DIS）、最终国际标准草案（FDIS）的信息，内容包括国际标准草案编号、名称、终止日期、被修订标准、负责起草的技术委员会。其编排方式为按照技术委员会顺序编排，然后再按照标准草案编号编排，不同阶段的草案分别编排。美国国家标准学会（ANSI）出版的《标准行动》（*Standards Action*），每周出版 1 期，向用户提供及时准确的标准信息、美国国家标准和 ISO 的标准草案信息，包括：①要求评论的标准草案（Call for comment on standards proposals），发布新提议的美国国家标准草案信息，希望公众进行评论。标准草案信息按终止日期分别刊登，在每个终止日期后，按 ANSI 认可的标准制定机构名称的字母顺序编排，每个机构内又按照新制定标准和修订标准分别编排，内容包括标准草案编号、名称、摘要、全文电子版本下载网址、订购网址、销售价格、被修订标准等。②要求评论的联系信息（Call for Comment contact information），刊登在本期期刊中提交标准草案的标准制定机构的信息，包括订购地址列表和发送评论的地址列表。③项目启动通报系统（Project Initiation Notification System，PINS），通报 ANSI 认可的标准制定机构制定或修订美国国家标准的计划和范围，内容包括标准制定机构名称、地址、标准草案编号、名称、被修订标准、采用标准及采用程度、与该标准计划相关的利益相关方、项目需求、项目说明。④ISO 标准草案信息（ISO draft standards），按 ISO 技术委员会编排，内容包括标准草案编号、名称、终止日期、销售价格。⑤政府法规提案（Proposed foreign government regulations），介绍美国国家标准和认证中心（NCSCI），指引读者到 NCSCI 去查找和咨询国外政府法规提案信息。目前，《标准行动》印刷版期刊和电子期刊同时出版，电子期刊可从 ANSI 网站免费下载，可下载和浏览 2001 年以来出版的所有《标准行动》期刊。

英国标准协会（BSI）出版的《标准更新》（*Update Standards*）期刊，每月出版 1 期，有关标准草案信息的栏目包括：①制定中的草案（Drafts for Development），内容包括标准草案编号、名称、被修订标准、ISBN 号、销售价格；②建议确认的英国标准（British standards proposed for confirmation），刊登经复审后，建议确认为继续现行有效的标准，内容包括标准号和标准名称；③建议作废的英国标准（British standards proposed for withdrawal），刊登经复审后，建议作废的标准，内容包括标准号和名称；④开始的新工作项目（New workstarted），内容包括标准号、名称、被修订标准号；⑤供公众评论的标准草案（Draft british standards for public comment），内容包括草案编号、标准号、名称和销售价格、终止日期。BSI 出版的期刊向用户提示：所有的英国标准草案均可从 BSI 客户服务部订购。

德国标准化学会（DIN）出版的《德国 DIN 标准通告》期刊，每月出版 1 期。期刊中的黄页部分为上一个月新发布的标准草案信息、新出版的标准信息和新作废标准信息。DIN 的期刊将标准草案、新出版标准、作废标准等统一编辑，提供标准顺序号索引和按 ICS 编排的详细信息，包括标准状态、标准号、德文和英文名称、标准终止日期、被修订标准、销售价格，其中标准状态用字母标识，分别表示标准草案、新出版标准、作废标准等。例如，"V"表示"现行标准"，"E"表示"标准草案"。DIN 出版的期刊除发布德国标准草案信息外，还发布 ISO、IEC、ITU 和德国工程师协会（VDI）的各阶段的标准草案信息。自 2005 年第 4 期期刊开始，DIN 出版的期刊黄页部分只有 2 页文字说明，而信息部分采用光盘形式出版，光盘附加在黄页部分中。光盘提供的文件格式为 PDF 文件，与原印刷版的编辑形式相同，不同的是点击相应的 ICS 号后，可直接链接到相关内容，查找起来比印刷版期刊方便很多。

《中国标准化》（月刊）创刊于 1958 年，经中国政府标准化行政主管部门授权，杂志独家刊发中华人民共和国国家标准批准发布公告、行业标准和地方标准备案公告、国家强制性标准征求意见稿和国家标准修改通知单。《中国标准化》杂志宣传重点是中国政府的标准化方针和政策，标准化基础理论，标准化技术动向，介绍各类标准制定、实施的情况和经验，报道国内外标准化动态和热点，企业在生产、经销、检验工作中的标准化情况，合格评定工作动态，质量检验和抽查，科技和标准化基础知识等。它是融政策、学术、技术应用于一体的标准化综合刊物，适合相关单位或组织阅读。

（2）印刷版目录

印刷版目录是标准制定机构提供标准信息的传统检索工具，随着信息技术的发展，很多机构已不再出版印刷版目录，但像日本规格协会（JSA）这样的标准化机构迄今仍每年出版印刷版目录，且有的机构不仅出版本国语言的目录，而且还出版英文版目录。例如，日本 JSA 目录，每年出版日文版、英文版的 *JIS Handbook* 各 1 册。*JIS Handbook* 刊载截至上一年年底已出版的所有 JIS 标准。该期刊中，JIS 标准按 JIS 分类排列，包括标准编号、标准名称等，并附关键词索引。此外，*JIS Handbook* 中还列出了 JSA 的标准销售地点。通过 *JIS Handbook*，可以获得已发布出版的 JIS 标准所有信息。

我国国家标准目录一般由国家标准化管理委员会编写，中国标准出版社出版，按 CCS 分类编排，包括标准编号、标准名称、代替标准等信息，也包括采用国际标准、国外先进标准的信息。

2. 光盘检索系统

标准信息资源的光盘检索系统指存储在光盘上的标准信息资源数据库，可供用户通过个人计算机来查找、检索、获取所需标准信息。一般而言，标准信息资源光盘数据库需付费购买，分为单机版和网络版，包括题录数据库、文摘数据库、全文数据库等。标准信息资源的光盘检索具有信息量大、检索功能强、数据传输快等优点，弱点在于数据更新速度较慢，使用环境受限。一般由专业标准情报机构购买后提供给用户使用，或单位购买后供内部员工使用。比较著名的标准信息资源光盘数据库是美国的 IHS 数据库和德国的 Perinorm 数据库。目前，这两个数据库已发展为网络版数据库。其他光盘数据库还包括特定种类、特定专题的标准信息资源数据库，例如，欧洲标准目录光盘数据库等。

3. 网络检索系统

标准信息资源的网络检索系统指用户在个人计算机上通过互联网进行浏览、查找、检索、获取所需标准信息，具有分布存储、信息丰富、更新及时、资源整合、检索方便等优点，是目前主要的标准信息资源检索工具。用户在检索标准信息资源时使用的网络检索系统包括两类：一是标准信息资源数据库。常见的有美国的 IHS 数据库和德国的 PERINORM 数据库。二是标准信息资源网站。互联网上的标准信息资源网站数量众多，比较常用的标准信息资源网站主要包括：标准制定机构网站、标准出版机构网站、标准服务网站。

（1）标准制定机构网站

标准制定机构负责组织标准的制定、修订、发布与应用，为推进标准的广泛应用，满足用户方便、快速地获取标准信息资源的需求，标准制定机构大都采用信息技术、网络技术和通信技术手段，对其组织制定的标准进行题录数据库、文摘数据库、全文数据库建设。同时进行网站建设与维护，通过互联网对用户提供标准信息资源检索和标准信息资源全文订购、在线下载等服务。由于标准制定机构是标准信息资源的直接生产者和发布者，因此，标准制定机构网站具有信息准确权威、更新及时等优点，但也具有标准信息资源单一的弱点，只适用于精确查找和获取特定种类的标准信息资源。

（2）标准出版机构网站

国外标准制定机构与出版机构一般为同一机构，而国内标准制定机构与出版机构一般为不同的机构。由于标准出版机构网站由负责标准出版的出版社建立，因此，该类网站具有标准信息资源销售功能强的优点，例如，该类网站有比较成熟的网络图书销售服务系统，用户可以检索和订购所需标准或图书；提供网上支付的电子商务手段，用户可以通过即时支付购买所需标准全文等。而在标准信息资源方面，该类网站一般仅提供可供出售的现行标准信息，适用于检索和购买新出版的现行标准，具有标准信息资源单一和不全面的弱点。

（3）标准服务网站

各类标准情报机构和信息公司是标准服务网站的建设者与维护者，这些机构专业从事标准信息收集、加工与系统开发，针对用户需求查找相关标准信息资源，进行标准信息资源的集成建设，最大化地收集国际、区域、国家以及专业协会标准制定机构所发布的各类标准信息资源，以多种形式向用户提供标准信息资源的集成检索服务。由于标准服务网站是由专业机构建立并汇集各国标准信息，因此具有标准信息资源齐全、检索功能强和检索结果精确等优点。但与标准制定机构网站和标准出版机构网站相比，它也具有新标准信息发布相对滞后的弱点，仅适用于广泛检索某些技术领域的各国标准信息。

三、标准信息化发展趋势

随着信息技术的发展、标准数量的激增和用户需求的增加，标准信息化将出现标准信息技术的革新和标准信息服务模式的转变。

1. 标准信息技术革新

（1）智能化

目前的标准信息服务存在查全率和查准率较低的问题，未来的标准信息服务应能及时挖掘新的标准信息，实现多途径检索、用户交互式检索等功能，提高标准信息检索技术水平并实现智能检索。

（2）个性化

随着互联网技术的飞速发展，用户对信息的需求不再满足于单一化的需求，不同用户需要不同的服务。使用户更方便、快捷地检索，满足用户检索要求的个性化服务将是标准信息服务重要的发展方向。

（3）大数据

通过对标准制修订依据、标准关联信息等标准大数据的挖掘、分析和管理，实现对标准研究领域、发展方向的分析，为标准管理人员和标准研究人员提供技术支持。

2. 标准信息服务模式转变

（1）从被动式服务向主动式服务转变

目前，国内的标准信息服务机构普遍缺乏现代服务机构的营销意识，仍在进行标准信息的被动式服务。在这种服务模式下，标准信息服务机构将主要精力集中在标准信息的采集和组织上，很少主动向用户推送标准信息。随着知识经济的到来和市场经济的逐步深入，这种被动式的服务模式不仅无法满足用户需求，而且不利于标准信息服务机构自身竞争力的形成。在标准知识经济时代，标准信息服务将转变以往被动式的服务模式，而按以下方法开展主动式服务。

1）主动标准咨询服务

一是利用标准检索系统提供智能帮助。标准信息服务机构根据用户标准检索历史记录和常见问题编制标准检索词库和常见问题解答（FAQ）库，当用户在线检索标准时，这些知识库会主动为用户提供帮助，协助用户清晰表达标准检索需求，指导用户正确使用标准检索系统等。

二是实时标准咨询。实时标准咨询平台的功能类似聊天室，利用这一平台，标准咨询员可以和用户实时交流，甚至实现异地用户一起浏览网页，主动帮助用户解决标准化难题。

2）标准信息推送服务

一是借助电子邮箱并依赖于人工参与的标准信息推送服务。其基本过程是由用户向系统输入自己的标准信息需求，然后由系统或人工进行针对性的标准信息搜索，并定期将有关标准信息推送到用户邮箱。例如，IEC、ITU 等国际标准化组织都在利用电子邮件，为用户提供定制标准更新信息的推送服务。

二是由智能软件完成的自动化标准信息推送服务。根据用户输入的标准信息需求，智能代理服务器从因特网和标准数据库中不断取回用户所需的相关信息，将其进行分类并通过多种形式传送给用户。智能推送的形式可采用频道式推送、邮件式推送、网页式推送或手机短信、FTP、传真等各种方式通知用户，这种服务方式能够很好地解决标准更新信息跟踪难的问题。例如，美国标准信息服务公司"Techstreet"就将 Standard-tracking（标准更新）推送服务作为网站的一大特点来吸引用户；国内的标准信息服务机构（如上海市质量和标准化研究院、深圳市标准技术研究院）也建立了各自的客户管理系统，并通过该系统将标准文献修订信息主动推送给用户。

（2）从大众化服务向专业化服务转变

目前，国内标准信息服务机构面对层次不同、需求各异的用户均提供统一的适合各层次的大众化标准文献服务。这种服务较少从用户的专业需求角度进行标准信息的采集、组织，提供的标准信息也是"大而全"，笼统地包括所有的国家标准、行业标准和国际国外标准，无法真正满足专业用户的标准信息需求。标准信息服务平台应针对地方经济发展特色和用户需求开展专业化的标准信息服务。

1）从宏观层面看，依据地方经济的发展和支柱产业的状况提供以下针对性的服务。

①标准垂直门户服务。标准垂直门户是指针对某一特定领域，某一特定用户群

的特定需求提供有一定深度的标准信息和相关服务的网站，它相对于目前普遍存在的标准信息种类多，涉及领域广的标准水平门户而言，具有专、精、深的特点。目前，深圳市标准技术研究院就针对深圳市高新技术产业为支柱产业的特点，在网站上提供了深圳市高新技术标准体系等行业标准信息服务，该类服务正是垂直门户服务的典型实例。这些行业标准体系是针对地方行业发展趋势和用户需求编制而成的，不仅系统收录了专业用户所需的标准信息，而且对标准信息进行了科学的分类和整理，实现了标准信息的实时更新，很好地满足了相关专业用户的特色需求。

②行业标准数据库服务。根据社会、经济发展需要，对行业或领域相关的技术标准进行综合整理，从中提取核心技术指标和要求形成数据库，为用户提供方便快捷的检索服务。例如，为了规范深圳市标志系统设置，深圳市标准技术研究院对现行图形标志、国家和行业标准进行了收集整理，从中抽取出规范化图形符号构建了"标准标志数据库"，该数据库对每个图形符号的出处、属性及应用要求等给予了详细说明，并提供了多种检索途径，为标志标牌设计、施工和使用单位提供了规范性指导。

2）从用户层面看，首先应该掌握用户的专业化标准信息需求。只有准确把握用户的专业偏好并建立用户模型，才能提供更精确、更符合用户需求的标准信息服务。标准信息服务人员可以通过直接观察用户行为或让用户填写相关注册信息等方法采集用户信息和兴趣并建立相应的用户模型。在此基础上，可通过以下方式开展专业化的标准信息服务。

①专业标准信息定制服务。用户根据自己的专业需要，对所需的标准信息进行有选择的定制，标准信息服务机构针对特定用户或用户指定的特定领域全面收集或跟踪相关标准信息，并按用户的要求和习惯定期提交标准信息检索结果。在一些经济发达地区，每年地方财政都有固定比例的资金用于支持本地企业的技术研发，标准信息服务机构可以充分发挥标准信息支撑者的作用，在技术研发的全过程中，针对研发人员的特定需要有针对性地提供标准信息服务。

②专业页面定制服务。目前我国许多标准信息服务网站推出了会员服务制，而页面定制服务将是一种很好的为会员提供专业化服务的方式。页面定制服务允许用户自己选择从服务器端传送过来的标准信息。该服务联合采用数据库和网络技术，将页面定制中的专业标准信息和后台的数据库进行绑定，由于一般标准信息服务机构对数据库的数据都进行了及时的维护，因此专业用户可通过该方式获取及时准确的专业标准信息。

（3）从标准文献服务向知识服务转变

传统标准信息服务的核心主要体现在标准文献的组织、检索与传递上。而这种服务难以让用户直接接受标准文献中的有效知识内容，难以有效切入用户知识应用和创新的核心过程，无法满足用户深层次的标准信息需求。因此，标准信息服务应该将核心能力定位于标准知识服务，通过对标准信息的深层次析取、综合和创新形成标准知识服务产品，为用户提供深层次的标准服务。

1）标准比对研究服务。根据企业用户的经营目标、规模及技术水平，对用户产品相关的国际国外标准、国家标准、行业标准中的技术指标进行比较研究，帮助企业选用合适的标准或技术指标。例如，某国际知名电子元器件生产企业，其陶瓷电容器产品同时销往美国、英国、法国、日本等国家，深圳市标准技术研究院通过综合比较该企业出口国的相关技术标准，帮助企业选择适当的技术指标，制定出能同时满足各国要求的企业标准，从而实现了产品的批量生产，极大地降低了企业的生产成本和出口风险。

2）市场研究报告服务。企业标准化研究和管理水平，产品标准中性能指标的高低，是企业规模、实力及产品质量的客观反映。标准信息服务机构将某行业用户的标准化信息进行综合分析，即可形成相应的行业市场研究报告，为该行业所有用户提供服务。例如，国际电子工业联接协会（IPC），通过分析研究来自全球电子互联行业各个领域的会员公司的标准化等信息，形成了该行业完整的市场研究报告并提供给会员，从而吸引了全球大量用户，不仅为IPC创造了可观的经济效益，而且扩大了IPC的国际影响，促进了该组织的良性循环发展和壮大。

（4）从单一化服务向综合化服务转变

目前，我国的标准信息服务大多以"馆藏标准文献"为中心，向用户提供单一化的标准文献服务。事实证明，这种服务不仅无法满足知识经济时代用户综合化的标准信息需求，而且不利于标准信息服务机构信息、人才和技术资源的整合，阻碍了标准信息服务机构的自身发展。标准信息服务应该从以下几方面入手，提升综合化服务能力。

1）提供标准制定全过程咨询服务。标准信息服务机构利用自身资源和经验优势，在企业用户参与国际标准、国家标准、行业标准制定的过程中充当咨询顾问角色，除为用户在标准制定前期收集相关国际国外标准、国家标准、行业标准、地方标准，乃至事实标准、协会标准等综合化的标准信息外，还为用户在标准制定过程中提供包括相关组织标准制修订程序、标准编写要求、标准制修订动态等信息在内的全过程咨询服务。

2）提供市场准入全面解决方案。针对外向型企业难以全面了解和跟踪国外市场准入信息的现状，标准信息服务可结合地方产业发展方向和外贸出口特点，选择重点产品领域或出口目的地，对其相关的技术法规、技术标准、合格评定等信息进行综合分析，形成该领域或出口国完整的市场准入解决方案，为相关企业破除技术性贸易壁垒提供全面指导。

3）构建一站式标准信息服务平台。标准信息机构利用呼叫中心等综合化的信息技术手段，将传统印刷型标准文献提供服务与电话传真咨询服务、网络标准信息服务等各种现代服务方式相综合，构建一站式标准信息服务平台，方便用户随时随地，以最便捷的途径提交标准信息需求，并得到及时、高品质的服务。

第二节 油气管道标准信息化的意义

油气管道标准化工作离不开信息技术的支持，标准信息化工作是标准管理、标准体系建设、标准比对研究和标准国际化等工作的信息化支撑手段，有助于提高相关工作的质量和效率，从而推动企业技术和管理水平提升。

标准信息化为油气管道标准管理提供统一协调管理平台，协助各个专业技术委员会发挥职责、履行作用，通过开放数据、共享信息、标准流程、远程及移动办公等信息化手段，有效开展标准规划研究、标准制修订以及标准咨询与服务等工作。

标准信息化可辅助油气管道企业建立标准体系，促进企业生产技术、经营管理活动科学化与规范化，提高产品和服务质量，提高企业的整体效率，使企业获得最佳秩序和社会效益，从而使企业产品赢得市场的认可，实现企业的利润最大化。

标准信息化辅助标准比对研究工作，在提供便捷的标准信息共享平台的基础上，通过运用标准内容揭示检索、标准可视化检索等先进的信息技术，分析标准技术特性及指标差异，为油气管道标准的使用和研究人员提供强大的工具。

标准信息化促进标准国际化工作，帮助建立与国外标准化领域的学习、交流与推广的便捷渠道，并通过支持标准管理、标准体系建设和标准比对研究等标准化工作，促进我国油气管道标准水平的提升。油气管道标准境外适用性技术研究同样离不开标准信息化技术的支持。标准信息化技术是"以标准体系建设为关键核心、标准信息化为基础保障、标准比对为提升工具、标准评估为有力抓手、标准国际化为重要目标"的五位一体的标准走出去技术体系中不可或缺的一环。标准信息化作为标准化工作各研究领域中的基础支撑性技术，通过信息共享、流程管控、数据分析、信息安全等技术，为境外适用性技术研究及实践的全过程提供可靠支持。

第三节　油气管道标准信息化技术现状

标准化工作离不开信息化的支持，随着计算机及信息技术的飞速发展，信息化实现了标准信息在企业内高效、快捷地传递，提高了标准化工作的效率、管理水平，增强监督能力，促进了标准的全面贯彻执行。

自 2009 年起，油气管道标准信息化工作通过将标准全文数字化加工技术、题录检索技术、全文检索技术、揭示检索技术、可视化技术、移动检索技术、协同工作技术、术语提取技术等应用于油气管道领域，陆续设计开发了油气管道标准信息管理系统、油气管道标准内容揭示系统 PC 端、移动 App 客户端和标准可视化系统。实现了对标准信息的深度检索，以及标准技术指标的精确定位和横向对比；实现了标准信息的移动检索和检索过程及结果的可视化；实现了标准制修订全过程管理和标准编写、审批等业务工作的无纸化及网络协同；实现了标准化工作全过程管理，进度实时监控和动态跟踪；提高了标准的查全率与查准率，全面提升了标准化工作的质量和效率，极大提升了油气管道标准信息服务水平。

在此基础上开展了油气管道标准信息系统顶层设计，分阶段开发油气管道标准化信息系统，促进各标准功能模块的有机结合和数据的互联互通，逐步实现标准化工作全过程管理和标准全生命周期信息管理，构建标准信息生态系统，从标准研究、标准管理、标准使用等方面推动标准信息化建设。实现国家管网企业标准的立项、编写、审查、发布、修订、查询、实施、问题反馈、废止等全生命周期的信息化管理和工作协调。

第四节　国内外油气管道标准信息化平台

随着互联网技术的快速发展，标准资源的交流方式也正悄然发生着变化，人们也越来越倾向于通过网络来获取标准资源，网络数据库已成为标准资源检索的重要工具，网络数据库方便快捷等特点也深受用户欢迎。

随着标准化事业的不断发展和标准文献的日益增多，标准信息资源的建设也就越来越引起人们的重视，我国标准化机构的标准文献资源整合能力及技术综合服务水平都得到了极大的提高。

一、国外典型油气管道领域相关标准信息平台

1. 国际标准化组织（ISO）

（1）ISO 简介

国际标准化组织（ISO）是引领国际标准化活动和进程的组织，总部在日内瓦，拥有 200 多个技术委员会，100 多个成员（国家或地区），包括参与成员（P 成员）和观察成员（O 成员）。ISO 出版了 2 万多项国际标准，涉及工业、农业、能源、环境、管理和信息技术等领域，具有很强的权威性、指导性和通用性。深入研究 ISO 标准制定工作程序和管理模式，系统梳理 ISO 油气管道标准目录和标准制修订信息，对于参与 ISO 标准化活动、加强 ISO 标准采标工作具有重要的意义。

（2）网站及功能介绍

ISO 网址（https：//www.iso.org），网站主页如图 1-1 所示，从导航栏可看出，网站提供 Standards（标准）、About us（关于我们）、Taking part（参加）、Store（商店）等功能。向下滑动还可看到新闻动态和期刊（英文、中文、法文、西班牙文四种语言）等。

图 1-1 ISO 网站首页

点击"Store"按钮可看到简单搜索功能，用户在搜索栏中输入标准号或关键词

即可进行 ISO 标准的简单检索查询。搜索结果如图 1-2 所示，左侧边栏展示了搜索结果的更多细节。

图 1-2　简单检索搜索结果展示

点击"Advanced search for standards"按钮，可进入高级检索功能，如图 1-3 所示，在高级检索功能中，ISO 提供的检索字段项包括：标准题目、文摘、全文中的关键词或短语；ISO 标准号；标准类型（国际标准、指南、技术报告 TR 等）；补充件类型（技术勘误、修改、补充等）；国际标准分类号（ICS）（提供 ICS 分类表链接）；标准制定阶段代码（提供代码链接）；到达标准制定阶段的日期和其他日期；技术委员会；分技术委员会。用户在上述检索字段项中输入相应的检索词即可进行 ISO 标准信息的检索查询。

网站提供 ISO 标准题录、文摘信息的免费检索，需付费购买标准全文，可检索的标准信息资源类别包括现行标准信息、标准项目信息、作废标准信息、之前 12 个月内撤销的标准项目信息。

此外，在 Store 页面，ISO 还提供了按国际标准分类号（ICS）、技术委员会浏览该类别或该技术委员会的全部信息的功能。

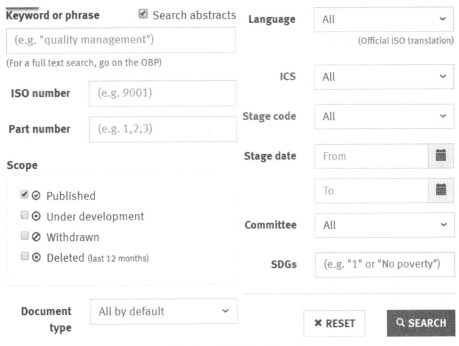

图 1-3　高级检索功能展示

（3）ISO 油气管道标准

ISO 有关石油和天然气的标准已经越来越多地得到各地区和国家标准机构的认可。ISO/TC 67 包括低碳能源专用的石油和天然气工业技术委员会成立于 1947 年，专业范围包括石油、石化和天然气工业范围内的钻井、采油、管道运输，及液态和气态烃类的加工处理用设备材料与海上结构，不包括国际海事组织公约对海上结构对象的约定。

ISO/TC 67/SC 2 管道输送系统分技术委员会负责陆上及海上石油天然气工业中流体输送的标准化，由管道输送系统的标准组成，集中在材料和部件，作用是适用工业的发展，与其他标准（API、CEN、NACE）协调，ISO/TC 67/SC 2 提出的口号是：全球合作，没有竞争。ISO/TC 67/SC 2 的工作范围是整个油气管道输送系统，标准涉及管材、阀门、设计、施工、防腐、运行维护等多个专业，如表 1-1 所示，可通过 ISO 网站高级检索功能检索到全部标准，也可以通过输入检索关键词检索查询相关标准。

表 1-1　ISO 油气管道各领域标准数量

领　　域	标准数量 / 项
锅炉和压力容器	1
消防设备	1
石油产品和润滑油	5
石油和相关产品计量	14
石油、石化和天然气工业用设备材料及海上结构	3
管道输送系统	17
过程装备和系统	6
泵 / 泵尺寸和技术规范	8
阀门	7
超压保护安全装置	6
燃气轮机	8
天然气	12
无损检测	4
小计	92

数据来源：ISO 官网，统计时期截至 2020 年 12 月。

2. 美国石油学会（API）

（1）API 简介

美国石油学会（API）成立于 1919 年，总部在华盛顿，是美国石油天然气勘探开发、炼油、管道运输、销售和安全的行业协会组织。100 年的标准化工作经验，完善的标准体系，明确的标准主题，充足的理论依据，使得 API 标准成为世界各国公认的先进标准，具有很强的权威性、指导性和通用性，在全球石油工业标准化领域占据主导地位。深入研究 API 标准工作程序和管理模式，系统梳理 API 油气管道标准目录，全面跟踪 API 标准制修订信息，对于我国油气管道行业加强 API 标准采标工作，具有重要的意义。

API 标准的制定以各类研究资料和统计数据的广泛收集为基础，针对某一问题从分析具体事例入手。API 标准凭借准确详实的数据资料、扎实深入的科学研究、可靠实用的技术实践而极具说服力。

1）研究领域广

截至目前，API 制定了 500 余项石油行业设备和操作标准，堪称石油工业"集体智慧的思想库"。标准涉及石油工业各个领域，涵盖勘探和开发、船舶运输、石油计量、贸易销售、管道输送、炼油化工、安全和消防、行业培训、健康和环境事务共9个技术领域。每一大类标准又分为若干小类，例如环境安全卫生标准包括：空气监测，环境安全数据，人类健康监测指标，环境损害评估，土壤和地下水评估，废气、废水、废物处理等。

2）标准溯源性强

API每发布一个标准，都有明确的版本和实施日期标记，每经过一次重新修订，将延续一个新版本并规定新的实施日期。标准使用者通过标准的版本序号就能了解该标准经过几次修订，大致推断出该标准的最初制定时间和延续历史。

3）标准可操作性强

API标准以产品的互换性和安全性为基本主题，良好的互换性和安全性使用户在安装和维护中极为方便，世界各地按照API标准生产的产品可以方便地安装和对接，这为制造商和使用者提供了极大的便利。

4）完善的标准体系

API标准体系以标准、规范、推荐做法和质量保证体系规范为主，辅以技术报告、公报或公告、研究报告、研讨论文和手册等多种形式出版，这些出版物是API制定、修订标准的基础支持性和指导性文件。

5）标准延续性强

API发布的新版标准在新增部分和已修订部分的侧面标记明显的粗实线，明确标出新标准与原标准的差异，便于标准使用者分析、研究。

（2）网站及功能介绍

API网址（https：//www.api.org），网站主页如图1-4所示，从该图中可看出网站有两排导航栏，第一排提供Home（首页）、About（API介绍）、Membership（会员资格）、API Careers（API职员）、Chief Economist（首席经济学家）、Contact（联系方式）等功能，第二排导航栏点击相关按钮，可看到此功能更多细分领域介绍，如图1-5所示，点击"Natural Gas & Oil"页面展示效果。

购买和查询标准可点击"Products & Services（产品与服务）"→"Purchase API Standards & Software（购买API标准和软件）"→"search and order from the api publications store（API商店搜索订阅）"，API标准商店网页界面如图1-6所示，搜索结果展示见图1-7。

图 1-4　API 网站首页

图 1-6　API 标准商店

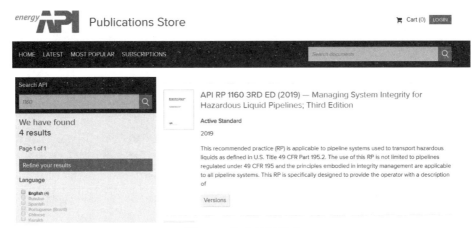

图 1-7　搜索结果展示

页面左侧提供搜索结果细化功能，选项包括：Language（语言）、Document Type（文件类型）、Document Status（文件状态）、Document Groups（文件群组）、Sort By（排序方式）、Date Range（日期范围）等。

（3）API 油气管道标准

API 中油气管道各领域标准数量见表 1-2。

表 1-2　API 中油气管道各领域标准数量表

领　域	标准数量 / 项
勘探和开发（包括油田设备和材料、管材、阀门和井口设备、矿场采油储罐等标准）	12
石油计量（包括储罐校准、储罐计量、仪表计量、计量系统、取样、蒸发损耗测量等标准）	8
贸易销售（包括销售运行、健康环境和安全：土壤和地下水、安全等标准）	3
管道输送	20
炼油行业（包括炼油设备检验、炼油机械设备、储罐、压力泄放系统、管道组件和阀门、电气设备安装、换热设备、仪表和控制系统、工艺安全、健康、环境和安全、水等标准）	20
安全和消防（包括储罐安全等标准）	11
小　计	74

数据来源：API 官网，统计时间截至 2020 年 12 月。

二、国内典型标准信息平台

1. 全国标准信息公共服务平台

全国标准信息公共服务平台是国家标准技术审评中心承担建设的公益类国家级

标准信息公共服务平台，旨在成为中国用户查询获取国家标准、行业标准、地方标准、企业标准、团体标准、国际标准和国外标准等标准信息及资讯的第一平台，网站地址（http：//std.samr.gov.cn），见图1-8。

图 1-8 全国标准信息服务平台主页

全国标准信息公共服务平台自 2017 年 12 月 28 日上线试运行以来，依托"免费、权威、互动、全面、及时、大数据"等独特优势，不断为政府机构、国内企事业单位和社会公众提供公益性权威服务。2018 年 11 月 16 日，全国标准信息公共服务平台与中国标准信息服务网同步升级，标志着国际标准信息服务推广体系在我国初步建成。全新的标准电子阅览室正式上线，通过实时、权威、个性化定制，电子阅览室可轻松构建在线标准数据库，按需定制，实时更新，无需插件，方便快捷。电子阅览室提供 ISO、IEC 等国际标准以及德国、法国、西班牙等国外标准，全部标准皆经过国际国外标准化组织授权，标准全文数据库可随时在线访问。

2. 国家标准文献共享服务平台

中国标准化研究院承担建设的"国家标准文献共享服务平台"（以下简称"标准平台"）是 2011 年中华人民共和国科学技术部（以下简称"科技部"）首批通过认定的 23 个国家科技基础条件平台之一，是国家科技创新体系的重要组成部分，网站地址（http：//www.nssi.org.cn），见图1-9。

图 1-9　国家标准文献共享服务平台主页

标准平台以构建数字时代标准文献资源战略保障服务体系为宗旨，按照"统一标准，分布加工，集中发布，联合服务"的机制，联合 62 个行业和 31 个地方的标准化科研机构，开展了跨部门、跨行业、跨区域的标准文献资源整合工作，数据总量现已超过 202 万条，形成全国资源总量最多、加工程度最深的标准文摘数据库和全文库。

近几年来，标准平台积极探索标准信息资源的利用模式和开放共享机制，运行良好，综合评价稳居国家科技基础条件平台前列。可实现标准一站式检索、标准阅读、标准跟踪、专题浏览、批量有效性验证、标准起草单位大数据分析等服务，现已在全国 20 多个地方标准院开通平台地方服务站，构建了全国标准共建共享服务体系，对国家和地方科技计划、重大工程项目、企业创新发展、应急突发事件、对外贸易以及科普宣传等发挥了重要支撑作用，对推动国家科技进步、服务地方经济、促进"一带一路"建设等做出了重要贡献，已成为国家科技创新基地的重要组成部分。目前，标准平台门户网站注册用户近 30 万人，网站访问量每年 200 余万人次，用户数量 20 余万家；支撑各级科技项目 6291 项；支撑标准制修订数量 1000 余项。

第二章　油气管道标准信息管理

第一节　信息检索技术

信息检索是从任何信息集合中识别和获取所需信息的过程及其所采取的一系列方法和策略。信息检索的概念可分为广义和狭义两种。

从广义上来说，信息检索包括储存和检索两个过程，如图2-1所示。

信息存储：收集大量无序的信息，根据信息源的外部特征和内部特征，经过分类、标引等步骤加以处理使其系统化、有序化，并按一定的技术要求编制检索工具或建立检索系统，供人们检索和利用。

信息检索：利用编制好的检索工具或检索系统查找用户所提问的特定信息。

信息存储与信息检索是密不可分的两个过程，同时又是互逆的。存储是为了检索，而检索必须先要存储。

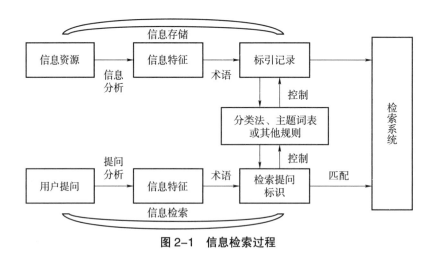

图2-1　信息检索过程

从狭义上来说，信息检索仅指检索过程，即用户根据需要，采用一定的方法，借助检索工具，从信息集合中找出所需要信息的过程。在此过程中，用户只需要知道如何能够快捷、方便、高效地获取所需的信息，而不必了解信息的组织管理模式以及信息的存储地点。

信息检索技术主要指计算机检索的常用技术。计算机检索是由计算机将输入的检索策略与系统中存储的文献信息特征标识及其逻辑组配关系进行类比、匹配的过程显性化。

第二节　油气管道标准化信息管理系统架构及关键技术

标准信息化管理的主要任务在于实现标准化信息的计算机管理。通过建立标准化信息管理系统，可以解决标准信息数据量大、更新周期短、维护成本高、查阅困难等问题。油气管道标准信息化工作通过开发油气管道标准信息管理系统，实现了标准信息的收集、入库、更新、实时查询等，达到了对标准化信息进行高效管理的目的。

油气管道标准信息管理系统作为我国油气管道领域重要的标准信息管理系统，主要为生产技术人员、科研人员以及管理人员提供标准检索、在线阅读、全文下载、信息推送等服务，集标准化管理和应用评价考核等功能于一体。系统收录的标准主要是油气管道行业相关的国家标准、行业标准、团体标准、企业标准以及国际标准和国外先进标准等，目前收录标准4200多项。

该系统不仅集成、整合、共享标准信息资源，而且对实现标准信息有效共享、提高标准信息更新速度以及标准化工作业务流程的合理化、规范化具有非常重要的意义。

一、系统总体设计

油气管道标准信息管理系统的设计遵循开放、可扩充、可维护的原则，同时以为用户提供方便快捷的标准信息服务为宗旨，结合企业用户实际需求，构建的系统还需具有安全性、完备性、先进性、灵活性，以及实用性和通用性等，界面需友好直观，操作要简便。

（1）先进合理原则

软件设计采用目前最先进的体系结构、开发工具、技术架构和逻辑架构。在充分考虑已有资源的同时，又立足于系统未来升级与改造。

（2）安全性原则

为了保障油气管道标准信息管理系统收录标准的安全性，系统设计时从授权机制、访问控制、日志跟踪、安全策略以及数据备份等多方面进行了全面考虑。

（3）实用可靠原则

实用性是衡量软件系统质量最重要的指标，因此该系统从用户角度出发，在充分考虑分析用户需求基础上，功能简单，易操作，用户不需要花费大量时间进行培训便可以掌握使用方法。

（4）开放扩展原则

技术上遵循国际通用标准，能够对核心的业务逻辑功能进行封装，同时能为顶层应用提供开放的二次开发接口，具有良好的可控性、可扩展性以及兼容性。

（5）稳定性

稳定性是衡量软件系统质量的指标之一。在硬件故障以及断电等意外事件除外的情况下，支持 $7 \times 24h$ 的运行模式。同时能满足中国石油油气管道行业当前以及未来所有用户的并发访问。

（6）支持多种身份认证方式

该系统不仅支持传统的用户名 / 口令的用户身份认证方式，而且还支持采用域用户进行统一身份认证。如果企业内部计算机采用了域控制器，可直接使用域用户身份自动登录本系统，不需要用户再输入用户名和密码进行登录。

（7）可集成性

系统可方便地通过 Web Service 技术与其他系统进行集成。

二、系统构架

根据不同的用户群及功能要求，油气管道标准信息管理系统采用 B/S（Browser/Server）和 C/S（Client/Server）两种模式相结合的体系结构。对于需要 Web 处理，以满足广大用户请求的功能界面（如标准查询以及信息发布等）采用 B/S 结构，客户端直接用 IE 浏览器就能实现对系统的各种操作，企业内部局域网用户登陆 Web 页面后即可进行浏览。对于系统管理员后台维护功能，如数据库管理维护、标准体系动态维护和文件转换等采用 C/S 结构。系统体系结构图见图 2-2。

客户端发出超文本传输协议（HyperText Transfer Protocol，HTTP）请求到 Web Server，Web Server 将请求传送给 Web 应用程序，Web 应用程序将数据请求传送给数据库服务器，数据库服务器将数据返回 Web 应用程序，再由 Web Server 将数据传送给客户端。采用两种模式相结合的结构可以充分发挥 B/S 和 C/S 体系结构优势，既能保证用户方便查询、浏览标准信息，又能使系统管理员更新维护简单灵活。另外，信息发布采用 B/S 结构，保持了瘦客户端的优点，数据库端采用 C/S 结构，只涉及系统维护、数据更新，避免了完全采用 C/S 结构带来的客户端维护工作量大等缺点。

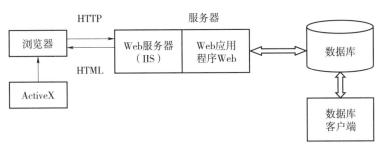

图 2-2　C/S 和 B/S 结合体系结构

系统基于 .Net 技术架构进行设计，采用主流的 Microsoft SQL Server 数据库，运行环境为 Windows 2003 Server 的互联网信息服务（Internet Information Server，IIS），网络协议为 TCP/IP，采用 Web Service 支持第三方的应用集成。

三、采用的关键技术

（1）Ajaz 技术

Ajax（Asynchronous JavaScript and XML）是一种结合了 Java 技术、可扩展的标记语言（Extensible Markup Language，XML）以及 JavaScript 的编程技术，可以构建基于 Java 技术的 Web 应用，并打破了使用页面重载的惯例。Ajax 可以仅向服务器发送并取回必需的数据，它使用面向对象的简单协议（Simple Object Access Protocol，SOAP）或其他一些基于 XML 的 web service 接口，并在客户端采用 JavaScript 处理来自服务器的响应，因此，Ajax 技术能够在频繁的系统动态提交事件中，做到页面无刷新，在页面内与服务器通信，给用户的体验非常好。同时，Ajax 使用异步方式与服务器通信，不需要打断用户的操作，具有更加迅速的响应能力。

（2）PDF 在线浏览控件

由于标准文献格式多为 PDF，为了实现不同权限用户对标准文献分别具有在线浏览、打印和下载保存的权限要求，系统开发了专用的 Web 环境下的 PDF 在线阅读插件，实现了浏览、打印、下载分离控制，满足了不同级别用户的需要。

（3）ASP.Net 缓存技术

缓存是一项在计算中广泛用来提高性能的技术，它将访问频率高的数据或构造成本高的数据保留在内存中。在 Web 应用程序的上下文中，缓存用于在 HTTP 请求期间保留页或数据，并在无需重新创建的情况下重新使用它们。在数据库连接设置方面，通过合理地使用索引、消除对大型表行数据的顺序存取、避免相关子查询、避免困难的正则表达式和使用临时表等查询优化技术来提高效率。由于该系统是基于 Web 的信息服务检索软件，通常会出现同一查询请求被多次请求的情况，因此，利用临时表、数据缓存等技术，把查询结果临时保存供重复查询、统计使用，提高查询效率。

（4）多线程技术

多线程技术可同时并发执行多个任务。由于油气管道标准信息管理系统涉及大量数据提取、动态图形绘制、数据交换，为了保证系统响应速度，提高系统效率，采用多线程技术可以很好地满足需要。采用多线程技术可以把占据长时间的程序任务放到后台处理，同时程序的运行速度加快。

（5）全文检索技术

全文检索技术，就是以数据诸如文字、声音、图像等为主要内容，以检索文献资料的内容而不是外表特征的一种检索技术。全文检索是信息检索技术的一个重要分支，是指计算机通过自动建立的索引文件搜索原始文本文件的技术，是一种用来处理结构化或者非结构化数据的工具。全文检索技术通过对原始文件进行扫描，并且对每一个存在的词组进行索引，记录词组在原始文件中出现的位置和次数，当用户查询关键字时，再根据事先建立的索引文件将检索结果返回给用户。

（6）中间件技术

中间件是一种独立的系统软件或服务程序，分布式应用软件借助这种软件在不同的技术之间共享资源。中间件位于客户机 / 服务器的操作系统之上，管理计算资源和网络通信。采用中间件技术可以满足大量应用需要，同时可以运行于多硬件和操作系统（Operating System，OS）平台，支持标准协议和标准接口等。

（7）柔性工作流技术

标准化工作模块中涉及了许多复杂的流程，为了灵活、动态地适应由于实际工作流程的变动给程序所带来的影响，该模块采用了柔性工作流的技术。柔性工作流技术提供了多种分析、建模、系统定义技术，将一个现实世界的业务处理过程转换成计算机可处理的定义。柔性工作流的使用使得许多工作流程在自动化过程中去除了一些不必要的步骤从而提高了效率。通过标准的工作方法和跟踪审计提高了业务流程的管理，实现了对于标准立项、制修订以及复审过程中的流程跟踪和监控。

第三节 油气管道标准化信息管理系统功能

油气管道标准信息管理系统涵盖了油气管道企业标准化的主要业务，共设置标准检索、标准体系、标准化工作、标准论坛、标准专家库、术语库、统计分析、考核与监督、系统管理、通知公告、动态信息、资源共享与交流等功能模块，系统不仅具有标准检索和标准化工作流程核心功能，而且具有标准文本管理、标准全文处理、标准体系管理及统计分析等特殊管理功能。权限设置方面，根据需要由系统管理员对用户进行授权，从而保证系统的安全性。系统主界面如图 2-3 所示。

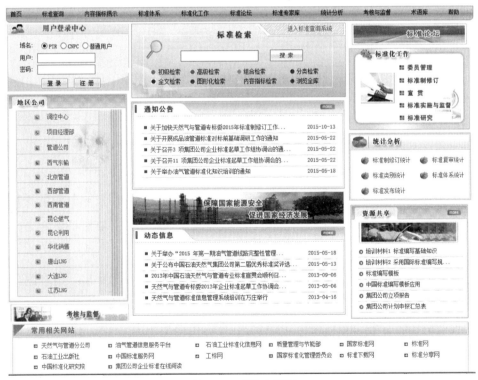

图 2-3 系统主界面

一、标准检索

标准检索是油气管道标准信息管理系统核心功能之一，不同的检索方式获得的检索结果亦不同，最常见的检索方式有初级检索、高级检索、分类检索、全文检索、二次检索等。

初级检索：一种简单的检索方式，主要满足单个字段的检索要求，用户只需输入一个检索项，即可完成查询。油气管道标准信息管理系统检索项设置主要包括标准号、标准名称、翻译题名、起草单位、起草人、发布单位、发布日期、实施日期、摘要、替代标准、采标一致性、归口单位、引用文件等。初级检索方式不易完成复杂的多条件检索，需进行二次检索，如图2-4所示。

图2-4 初级检索

高级检索：利用布尔逻辑运算（与、或、非）组合，允许用户同时提交多个检索字段信息，是一种更加精确的检索方式，检索结果命中率高。高级检索的优点是查询结果冗余少，查准率高，适合于多条件的复杂检索，如图2-5所示。

全文检索：可以对标准内容进行检索的方式。全文检索技术扩展了用户查询的自由度，打破了主题词对检索的限制，提高了标准文献的查全率与查准率。

分类检索：按标准分类进行检索，主要分为国家标准、行业标准、企业标准以及国外标准等。用户可以在限定标准类别的范围内进行精确检索，如图2-6所示。

二次检索：在前一次检索结果基础上进行再次检索，这样可逐步缩小检索范围，提高查准率。

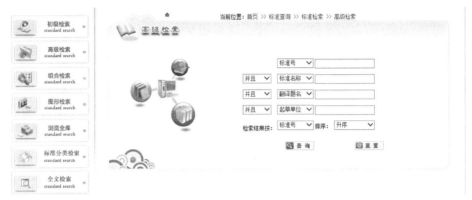

图 2-5　高级检索

图 2-6　分类检索

对于检索结果，用户可以点击标准名称或标准号浏览每条标准的详细信息，也可导出检索结果的题录信息，有权限的用户还可在线打印标准或将标准文本下载到本地浏览。

二、标准体系查询

标准体系分类导航以"体系树"结构或星形地图的方式建立标准专业分类导航

体系，体系树分类展示简单方便，前台用户不仅可以很直观地浏览企业标准体系层次结构图，而且还可以点击体系树里任意一类来浏览查询相应所有标准信息，同时体系里每类标准还可以直接链接到原文，这样用户可以一目了然地了解企业必用和常用的标准目录。标准体系管理主要指后台标准管理员可以对企业标准体系门类进行动态维护与管理，根据实际需要增加或删除标准体系类别。

油气管道标准体系共分为工程建设管理通用标准、运行与控制通用标准、资产管理通用标准以及综合类通用标准四大类，20 个一级子类，52 个二级子类，如图 2-7 所示。

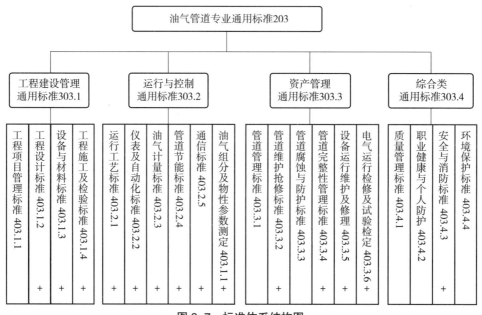

图 2-7　标准体系结构图

标准体系结构图不仅能让用户直观地了解油气管道专业业务分类，同时可以对每一类所有标准进行检索与在线浏览，如图 2-8 所示。

三、标准化管理

标准化管理包括标准计划管理、标准制修订管理及标准复审管理，实现标准从申请立项到发布的整个过程信息流程化、自动化管理，内容主要包括：立项评审，编制计划，编制标准草案，标准草案征求意见，编制标准送审稿，标准审查，编制标准报批稿，审批，发布，归档等，如图 2-9 所示。

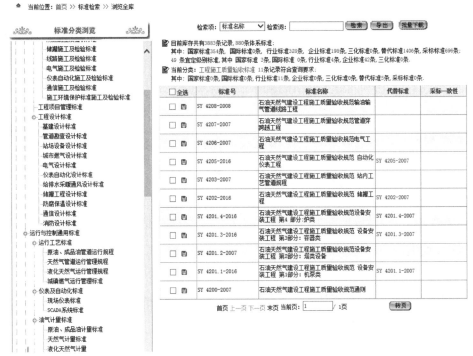

图2-8 标准体系检索

图2-9 标准化工作流程

标准化管理模块整合了油气管道专业标准技术委员会业务流程，实现了各个业务流程跨组织、跨地域的网上审批功能，大大缩短了业务处理流程的周期，提高了业务管理工作效率，使各项业务流转审批的控制和调整变得更加科学化、规范化。

（1）立项管理

立项管理包括立项通知下发、立项提交及立项审核。在该模块中企业标准化管理人员具有根据专业标准技术委员会下发的立项通知进行立项申报的权利，当企业标准化管理人员立项申报后，专业标准技术委员会接收到已经申报的通知，然后进行立项提交，标准技术委员会领导根据专业标准技术委员会人员提交的立项进行审核。该模块仅给企业标准化管理人员和专业标准技术委员会提供访问权限。

（2）制修订管理

标准制修订由各专业标准技术委员会、直属工作组（征求意见组、专家审查组、委员表决组）管理。主要业务流程：标准草案的上传、下载—审查意见的上传、汇总—报批材料的生成—标准表决—主管领导审核—审核通过上报标准技术委员会，最后审核无误后批准发布标准。主要涉及的用户是各企业的标准化管理人员、专业标准技术委员会以及征求意见专家及表决专家。

（3）复审管理

企业标准化管理人员接收到专业标准技术委员会下发的标准复审通知后，在标准化工作页面，点击"标准化复审"下的"复审意见上报"选项，进行意见上报。标准化管理人员可以通过点击"意见上报"跳转出意见上报表进行意见上报。该模块只有企业标准化管理人员可以访问，其他人员无权访问。

（4）发文管理

发文管理是专业标准技术委员会的专属管理模块。发文管理包括通知上传、下发，实现了对专业标准技术委员会发文的统一管理。标准立项，标准制修订，标准复审，标准宣贯的通知上传、下发都在此环节中。

（5）个人事务

个人事务主要包括"待办事务""已办事务"以及"流程跟踪"。个人可以通过点击"待办事务"，完成业务处理，还可以通过"已办事务"查看已处理完成的事务的详细信息。同时个人还可以通过"流程跟踪"对立项流程、标准制修订流程以及复审流程进行实时跟踪。

四、标准专家库

标准专家库主要收录油气管道行业专家的基本信息，为标准预审、审查和标准研究工作提供智力支持，提高标准编写和标准研究的科学性和有效性。标准专家库可提供专家工作单位、技术领域以及职务职称、联系方式等信息的查询。

五、考核与监督

为了提高各企业标准化管理水平，提高各单位参与标准立项、制修订积极性，油气管道标准信息管理系统设置了考核与监督模块，主要通过访问量、申报标准数以及参与标准制修订情况等指标对各企业使用系统情况进行考核与监督。

六、统计分析

统计分析主要包括3个方面：①对标准库存量、访问下载情况、更新情况等进行统计；②按起草单位、发布年限、采标情况等进行统计，并通过图形和数据显示统计分析结果；③对每年度标准立项、制修订、复审以及发布、废止，标准体系识别等进行统计，如图2-10所示。

图2-10　统计分析

七、标准化动态

标准化动态模块主要发布企业标准化工作相关通知、公告以及标准制修订、审查等会议纪要；发布国内外标准动态以及国外先进标准化组织有关制修订标准的动态信息，为企业制修订标准提供参考依据，如图2-11所示。

八、共享与交流

共享与交流模块主要包括资源共享与在线交流两个方面。资源共享主要提供标准编写模板、标准化知识培训资料以及标准化管理中涉及的一些常用设计文件模板

（如立项报告、征求意见稿、专家意见汇总表等）的下载，如图2-12所示。

图 2-11　动态信息发布

图 2-12　资源共享

在线交流主要以论坛形式供系统用户之间、企业标准化工作人员之间信息交流以及意见反馈，便于相互沟通与学习。共设置标准制修订、标准体系、标准应用、信息共享、标准对标、系统功能等专题或主题供用户讨论及交流，如图 2-13 所示。

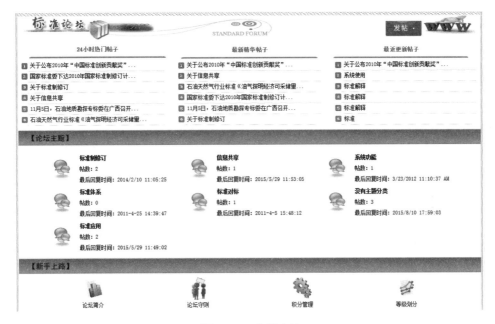

图 2-13　在线交流

九、系统管理

系统管理模块只供系统管理员使用，主要包含用户管理、标准数据管理、标准体系管理以及网页信息管理。

（1）用户管理

用户管理主要包含用户信息管理、用户组权限设置以及用户日志管理。用户信息管理主要存储用户基本信息，主要包括登录名、用户真实姓名、用户所在单位、用户级别、注册日期、登录次数、注册 IP 等。系统管理员可以同时设定用户级别，删除不明身份用户。

用户组权限设置中，角色管理主要是指系统访问角色的管理，包括角色新建、删除、授权等。油气管道标准信息管理系统用户共分为普通用户组、高级用户组，以及特殊用户组。普通用户组可以实现对各类标准题录信息进行浏览，高级用户组可以在线浏览各类标准原文。特殊用户组不仅可以在线浏览各类标准原文，还具有在线打印及下载标准到本地的权限，如图 2-14 所示。

图 2-14　用户组权限设置

用户日志管理用于记录前台用户登录时间及下载标准的情况。管理员通过浏览用户日志可以分析标准使用情况，同时也可监控用户行为，加强系统数据的安全管理。

（2）标准体系管理

系统管理员通过标准体系管理模块可对标准体系及体系门类进行增加、修改和删除，同时对标准体系里的标准进行灵活归类。该模块可以使管理员方便、快捷地建立和修改标准体系，有效管理标准体系里所有标准信息及标准文献，使标准体系及标准体系表始终处于灵活的动态管理之中。

（3）数据管理

数据管理主要包含标准元数据维护、专家库维护以及组织机构维护。

元数据维护：包括现行标准库、废止标准库的数据维护。管理员可对单条标准进行在线实时著录、增加和删除，或通过批量导入功能实现批量标准信息的入库。

专家库维护：对专家信息进行管理与维护。

组织机构维护：对组织机构相关信息进行维护。

（4）网页信息管理

网页信息管理主要包含标准动态信息、资源下载及网站访问统计、标准论坛。标准动态信息：发布国内外标准化动态以及标准制修订相关会议通知及会议纪要等。资源下载：主要上传培训材料以及标准编写模板等。标准论坛：主要包含积分规则设置、专题维护、精华帖子管理。网站访问统计：包含标准访问量排行以及标准更新统计。

第四节　油气管道标准信息移动应用

近年来，移动网络技术的迅速发展和智能手机硬件不断增强，促进了手机 App 移动端应用技术的快速发展。诸多人们日常生活和工作场景中的 PC 端应用拓展到了 App 移动端，极大地提升了相关应用场景使用的便利和效率。App 的应用场景也不断多元化，为人们提供了传统 PC 端应用无法比拟的便捷服务，为人们造就了一个全新的生活和工作方式。基于目前成熟的技术背景和用户根深蒂固的使用习惯，标准信息管理系统移动 App 的开发已经成为标准信息管理业务中不可或缺的一部分，可以满足当前人们高效办公过程中对于标准信息服务的需求。

油气管道标准信息移动应用系统通过集成油气管道标准信息管理系统检索功能及油气管道标准内容揭示功能，满足广大油气管道工程技术人员对标准技术内容指标的异地检索和移动办公需求，更好地服务油气管道工程建设与运营管理。

油气管道系统标准内容揭示系统 App 客户端作为我国油气管道领域重要的标准信息移动应用系统，具有标准资讯查看、标准信息检索、揭示内容检索和标准全文检索等 4 个主要功能。

一、标准资讯查看

登录系统后默认出现标准资讯菜单项，如图 2-15 所示，标准资讯菜单项列出标准资讯的各个分类。通过点击某一个菜单项，可以进入标准信息列表界面，如图 2-16 所示。

在标准资讯列表选择所要查看的资讯，点击进入标准资讯详细信息界面，如图 2-17 所示。

图 2-15　标准资讯菜单项　　　　图 2-16　标准资讯列表

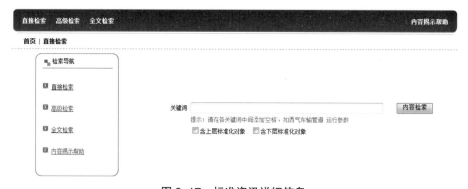

图 2-17　标准资讯详细信息

二、标准信息检索

1. 标准信息简单检索

通过 App 底部的导航栏，点击"标准信息"，打开标准信息菜单栏界面，如图 2-18 所示。点击"简单查询"进入标准信息简单查询界面，如图 2-19 所示。

输入关键词，如"钢质管道"，点击"检索"按钮，显示查询结果，如图 2-20 所示。点击标准号或标准名称，进入标准题录界面，如图 2-21 所示。

图 2-18 标准信息菜单栏

图 2-19 标准信息简单查询

图 2-20 标准信息简单查询结果

图 2-21 标准题录界面

在标准信息简单查询结果界面点击阅读全文，安卓手机会提示通过浏览器打开，按照提示点确定，即可通过浏览器下载并打开标准原文，苹果手机可在 App 的界面打开标准原文。

2. 标准信息高级检索

在标准信息菜单栏点击"高级检索"，进入标准信息高级检索界面，如图 2-22 所示，填写一项或多项检索条件，点击"检索"按钮，系统会按照条件给出检索结果。

图 2-22　标准信息高级检索界面

3. 标准信息分类检索

在标准信息菜单栏点击"分类检索"，进入标准信息分类检索界面，如图 2-23 所示，左侧是体系的树状结构，选择相应体系，再点击"检索条件"进入检索条件界面，如图 2-24 所示，填写一项或多项检索条件，点击"检索"按钮，系统会按照条件给出检索结果。

三、揭示内容检索

1. 揭示内容简单检索

通过 App 底部的导航栏，点击"揭示内容"，打开揭示内容菜单栏界面，如

图 2-25 所示。

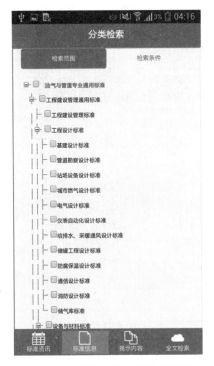

图 2-23　标准信息分类检索界面

图 2-24　标准信息分类检索条件界面

图 2-25　揭示内容菜单栏

点击"直接检索"，进入直接检索界面，如图 2-26 所示。在关键词输入框内输入关键词，多个关键词以空格分隔，点击检索。例如在关键词输入框内输入"原油管道 运行"，点击"检索"按钮，检索结果如图 2-27 所示。

图 2-26　揭示内容直接检索

图 2-27　揭示内容直接检索结果

2. 揭示内容高级检索

在揭示内容子菜单里选择"高级检索"，进入高级检索界面，如图 2-28 所示。

标准揭示内容高级检索包含多个检索选项：

【含下层标准化对象】：系统默认为含下层标准化对象检索，即所查主题词的下位概念作为主题词揭示的内容会显示。

【含上层标准化对象】：所查主题词的上位概念作为主题词揭示的内容也会出现。

【包含作废】：系统默认作废标准的揭示内容不出现，若需查询，则选中，显示结果中作废标准将以红色标注突显。

标准揭示内容高级检索共有两种方式：直接式检索和导航式检索。

方式一：直接式检索（标准化对象 + 内容或指标检索）

在"标准化对象"与"标准化对象要求"输入框中分别输入关键词，点击"检索"按钮。例如在"标准化对象"输入框中输入"原油管道",在"标准化对象要求"输入框中输入"运行",如图 2-29 所示。检索结果如图 2-30 所示。

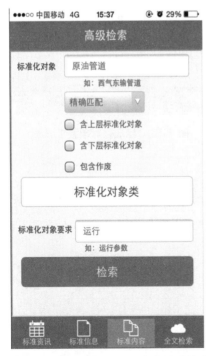

图 2-28 揭示内容高级检索

图 2-29 揭示内容高级检索直接式检索

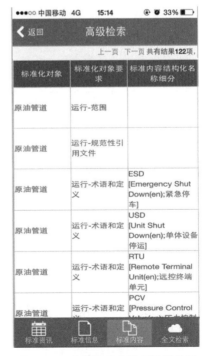

图 2-30 高级检索直接式检索结果

方式二：导航式检索（标准化对象＋标准内容分类、标准内容重要指标检索）

标准化对象输入框中输入关键词，点击"标准化对象类"按钮，选择所选类后，进入标准化层级类界面，如图 2-31 所示，向左滑动屏幕进入标准化对象要求界面，如图 2-32 所示，选中技术指标，点击"检索"按钮。

注意：此类方法"内容或指标"输入框中无需输入内容，若"内容或指标"输入框中输入内容，则默认为直接式检索。

点击【检索】，检索结果界面如图 2-33 所示。

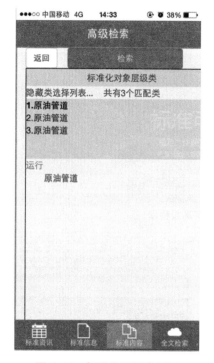

图 2-31　标准化层级类界面　　　　图 2-32　标准化对象要求界面

3. 揭示内容全文检索

在揭示内容子菜单里选择"全文检索"，进入全文检索界面，如图 2-34 所示。输入检索条件，如"管道"，点击【检索】按钮，进入揭示内容检索结果界面，如图 2-35 所示。

图2-33　揭示内容高级检索结果界面

图2-34　揭示内容全文检索

图2-35　揭示内容全文检索结果界面

四、标准全文检索

在 App 导航栏选择"全文检索",进入全文检索界面,如图 2-36 所示。输入关键词,如"管道",点击【检索】按钮,进入标准全文检索的检索结果界面,如图 2-37 所示。

在检索结果中任选一项标准名称,进入相应的标准题录界面,如图 2-38 所示。

图 2-36 全文检索

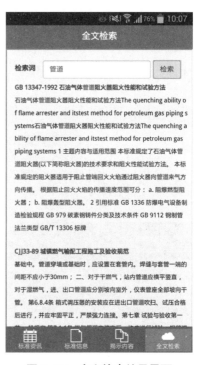

图 2-37 全文检索结果界面

点击【下载原文】,提示通过浏览器打开,按照提示点击【确定】,如图 2-39 所示,然后根据浏览器的提示点击【下载】或【直接打开】,如图 2-40 所示,全文检索原文浏览界面如图 2-41 所示。

五、反馈功能

如用户需咨询问题或提出建议,可在登陆欢迎界面点击【意见反馈】按钮(见图 2-42),进入用户反馈界面(见图 2-43),填写意见或建议后点击【提交】按钮进行提交。

图 2-38　全文检索标准题录界面

图 2-39　全文检索原文打开提示

图 2-40　全文检索原文下载提示

ICS 75.200
E 98

中华人民共和国国家标准

GB/T 24259—2009

石油天然气工业
管道输送系统

Petroleum and natural gas industries—
Pipeline transportation systems

(ISO 13623:2000,MOD)

2009-07-10 发布   2009-12-01 实施

中华人民共和国国家质量监督检验检疫总局
中国国家标准化管理委员会   发 布

图 2-41   全文检索原文浏览界面

图 2-42   登录欢迎界面   **图 2-43   用户反馈界面**

第三章 油气管道标准内容揭示

第一节 标准内容揭示（技术）方法

一、信息资源内容揭示方法

信息资源内容揭示方法主要分为两类：一类是通过文献的外部特征组织查找文献，例如，著者、文献名、机构名、出版地、标准号、档案号等；另一类是通过文献的主题内容组织查找文献，主要有分类法和主题法两种，这两种方法均是对文献内容抽象、归纳并将其概念化的组织过程。第一类揭示方法较为简单、快捷，但所实现的功能比较局限，为了对信息进行更深一步的挖掘，满足用户需求，现阶段信息资源内容揭示主要采用第二种方法。

1. 分类法和主题法的特点

（1）分类法

分类法是以概念划分与概括的原理为其理论，按体系逻辑关系展开的等级系统，按知识分类层次来划分信息，并设置类目，遵循从总到分，从一般到特殊，从简单到复杂的逻辑次序，把同一学科性质的文献加以集中，提供学科门类"族性检索"。目前我国广泛使用的《中国图书馆分类法》是依据分类法对文献知识内容进行组织分类的。

1）利用分类法组织文献信息的优势

①系统性较强。

②具有引导查询功能。当对检索词不确定时，分类法的分类结构能够引导检索用户不断接近所需检索内容。

③能够实现对非文本信息的揭示组织。

④限定了信息资源的范围，可以提高检准率；其分类结构又可将上下文检索词展示给用户。

2）目前分类法存在的一些问题

①分类体系不严密。在划分类目时，存在类别划分不够科学，不能全面覆盖知

识领域，不能保证体系的系统性和完整性等问题，可能会导致查全率不高。

②概念间逻辑性差，逻辑关系混乱。

③概念名称不规范。类名用语不够准确，类名不能确切概括类目的内容。

④同位类目划分标准不统一。

（2）主题法

主题法是从具体事物、对象和问题的主题来揭示文献内容，能够把同一主题的文献加以收集，进行"特性检索"。该方法提供了一种直接面向具体对象、事实或概念的信息组织揭示方法。

1）利用主题法组织揭示信息知识的优势

①能以同一主题事物为中心，组织相关文献信息。该方法适用于进行事物的特性检索，可保证较高的查全率，检索到的内容能够较为深入地反映检索对象的各个方面。

②主题检索是以自然语言的形式来表达检索要求，表达含义直观，便于检索者利用分散于不同文献中的相关主题事物信息。

③一般主题检索的主题词比较明确，检索概念比较清晰。

2）目前主题法也存在一定的局限性

①容易造成检索内容的分散，难以进行"族性检索"，而且检索结果经常夹杂着大量无关信息，导致查准率低。

②不能很好地反映知识概念（术语）的逻辑关系，不能反映检索对象在体系中的所属位置。

③当检索用户对检索词不确定时，主题法不能很好地引导用户接近目标检索内容，检索效率不高。

2. 分类法与主题法比较

信息知识内容揭示对用户检索结果有重要的影响，传统的两种信息组织方法（分类法、主题法）均存在各自的优缺点，主要区别如下：

①体系结构不同。分类法能够充分揭示概念之间的逻辑关系，方便"族性检索"；而主题法是按照主题进行信息知识的组织揭示，方便用户进行"特性检索"。

②揭示事物的角度不同。主题法主要考虑特定事物类；而分类法主要考虑概念间的逻辑关系。例如"管道运行"，分类法把有关管道运行的资料集中在"管道运行"这一类目之中，然后再按管道运行的种类等层层划分。但在主题法中，却把有

关各种管道运行的资料分散到不同类型管道运行下面，而在管道运行这个标题下只有关于管道运行的一般性信息。

③信息知识的集中角度不同。分类法是集中同一领域下的文献，但却将同属相同主题的大多数文献分散；主题法是集中相同主题的文献，但却将相同领域的大多数文献分散。

④分类法体系结构比较稳定，概念位置的设置一般不宜变动；而主题法增删主题词不影响体系结构。

⑤传统分类法是族性检索，符合人们的思维、检索习惯，且在超文本等方面有其独特优势，但是分类法体系复杂，导致查全率低；传统主题法是用词语描述知识并按一定顺序排列，在主题检索中，夹杂大量不切题和无用信息，导致查准率低。

二、标准内容揭示技术

1. 标准内容揭示技术的优点

基于传统信息资源内容揭示方法，标准内容揭示技术将分类法与主题法一体化后，融入本体表的构建过程中，即综合考虑分类法与主题法的特点，在建立油气管道本体表时，充分发挥二者的优势，将分类法的知识系统性与主题法的知识特性结合在一起，使得所构建的油气管道本体表能够符合用户需求。其具有以下优点。

①信息标引人员可以同时完成分类标引与主题标引，这两种方法标引的数据可以互相转换，节省时间和人力、物力。

②能够实现分类法与主题法组配检索：把对主题、某事物的关键词检索限定在某一类目范围内进行，从而可排除无效信息，提高查准率。

③能够实现扩检和缩检功能。

④符合检索用户的检索习惯，具有较强的实用性和易用性。

2. 标准内容揭示技术的特点

标准内容揭示技术具有以下特点：

①实现对文献内容精确定位检索。标准内容揭示技术同时利用主题法、分类法及本体技术 3 种信息知识内容组织揭示方法，将分类法的知识系统性与主题法的知识特性结合在一起，建立起符合用户检索习惯的本体表。该技术能够精确定位用户所需文献具体内容以及技术指标，在检索结果中直接显示所要的检索内容，并将多个检索结果呈现给用户，且保证一定的查全率和查准率；该技术可避免传统检索系

统中，用户需逐一对相关文献进行通篇阅读，寻找所需的信息，或者避免因检索结果不准，用户需在检索结果中二次查找有效信息等问题。该技术可有效提高检索效率。

②实现不同文献对比检索。用户在检索时，往往希望能够同时快速查询到不同文献中对同一问题的描述，或对比研究同一问题在不同文献中的描述，这种需求是传统检索方法不能实现的，而标准内容揭示技术利用本体技术和体例技术，可将分散的标准内容同时展示给用户，实现同一技术要求在不同标准中的对比检索。

③实现检索对象的相关体系检索。某些检索内容往往不只存在一个标准中，而是分布在一系列的多个相关标准中，对于这种情况，在应用传统检索系统时，用户必须首先学习了解该对象的知识体系，检索时要按照所学的知识体系，反复检索与查阅文献，即使这样，检索结果也不能保证全面，往往会出现漏检现象。而标准内容揭示技术在建立完成的知识体系支撑下，利用本体技术和体例技术能够完成标准体系查询和特性查询，在检索时，可以通过上、下位检索，在检索到特定技术指标时，也可以检索到其他相关标准，保证检索的查全率。

④实现引用标准内容的快速查看。现行标准中引用其他标准或标准条款的情况比较多见，用户查看引用标准或条款时，需要检索到相关标准，然后逐页翻阅到所引用的条款，导致查看引用标准费时费力。标准内容揭示技术通过对引用标准或标准条款的加工和指引，使用户能够在检索结果界面快速查看引用标准或条款，提高检索效率。

第二节　油气管道标准内容揭示关键技术

一、油气管道领域本体技术基本理论

油气管道领域本体技术是油气管道标准内容揭示技术的关键技术之一，是实现油气管道标准信息深度挖掘的关键技术。油气管道领域本体技术是在运用本体技术的基本概念、本体功能和作用、建立本体的规则、构建领域本体常用的方法等基础上，结合油气管道领域知识的特点，研究制定领域本体的构建原则和方法步骤，形成构建领域本体的技术。

1. 本体的定义

本体（ontology）的概念起源于哲学领域，将其定义为"对世界上客观存在物的系统描述"，主要针对的是客观现实的抽象本质。

在其他领域，最早是由 Neches·R 给出定义，为"An ontology defines the basic terms and relations comprising the vocabulary of a topic area, as well as the rules for combining terms and relations to define extensions to the vocabulary"。

随着时间的推移，越来越多的人研究本体，并将本体应用于信息知识系统等不同领域，本体的定义不断地变化和发展，现将较有代表性的本体定义列于表 3-1 中。

表 3-1　本体的定义

年份	提出人	定义
1991	Neches R	An ontology defines the basic terms and relations comprising the vocabulary of a topic area, as well as the rules for combining terms and relations to define extensions to the vocabulary
1993	Gruber T R	A specification of a conceptualization
1997	Borst W N	An ontology is a formal specification of a shared conceptualization
1997	Swartout	An ontology is a hierarchically structured set of terms for describing a domain that can be used as a skeletal foundation for a knowledge base
1998	Studer J	Explicit formal specification of the shared conceptual model
2000	Fensel	An ontology is a common, shared and formal description of important concepts in an specific domain
2001	Noy F N	An ontology is a formal explicit representation of concepts in a domain, properties of each concept describes characteristics and attributes of the concept known as slots and constrains on these slots
2002	Fonseca	An ontology is a theory which uses a specific vocabulary to describe entities, classes, properties and related function with certain point of view
2003	Starlab	An ontology necessarily includes a specification of the terms used and agreements that allow to determine their meaning, along with the possible inter-relationships between these terms, standing for "concepts"

其中美国斯坦福大学知识系统实验室的 Gruber T R 于 1993 年提出的本体定义被广泛引用。

虽然本体的定义形式不同，但其本质却是相同的，是对概念（术语）及概念（术语）间逻辑关系的组织揭示，使其在共享范围内有明确唯一的定义。本体是领域内部不同主体之间交流的一种语义基础，也方便人机交流。

2. 本体的作用

本体能够实现对知识概念（术语）的组织揭示，方便知识的共享，本体的功能和作用主要有以下 3 点：

（1）本体是一种能够结构化地组织揭示领域知识的方法，领域本体能够囊括该领域的所有知识概念（术语），并明确地表示出概念（术语）之间的逻辑关系。

（2）本体支持知识的共享和重用，为人机交流以及不同领域研究人员的沟通提供了基础，提高了其工作效率。

（3）本体有助于概念（术语）的规范化和知识的标准化。本体为人们提供了一组通用概念（术语），为知识的标准化提供了基础。

3. 构建本体的原则

本体构建是从一定领域范围中抽取概念（术语），并确定概念（术语）间的逻辑关系。目前尚无统一的构建方法，对于不同领域，本体的构建方法原则不同。在现有的构建本体原则中，最有影响的是 1995 年 Gruber T R 提出的 5 项原则：

（1）客观明确性：本体中概念（术语）的语义要明确，不依赖任何背景。

（2）全面性：本体中概念（术语）应该尽可能的完整、全面。

（3）一致性：本体应该支持与其定义相一致的推论，不矛盾。

（4）可扩展性：为了满足需求，可在原有本体基础上增加新定义的概念（术语），但不需要对原有本体概念（术语）进行修改。

（5）最小本体约定：只要能够满足特定的知识共享需求即可，以便使用者可以根据自己的需求将本体专门化和实例化。

4. 常用的领域本体构建方法

目前本体技术仍处在初始应用阶段。对于不同知识领域，本体的构建方法也不相同，但是所构建的本体必须都能够客观地反映相应知识领域，需将其应用于实践中，经领域专家、用户不断修改完善，才可初步完成本体构建。

领域本体（Domain Ontology）是组织揭示特定领域知识信息的一种专门本体。领域本体是对特定领域的概念（术语）的一种组织揭示，包括概念（术语）及概念（术语）间的关系和属性。领域是依据构建者的需求来确立的，它可以是一个学科领域或是某几个领域的一种结合，也可以是一个领域中的一个小范围。

由于不同领域的特点和存在问题不同，尚无一套标准的构建领域本体的方法，目前常用的构建领域本体方法有如下几种：

（1）Uschold 本体建立方法

这个模式也称为"骨架"法，它是 Mike Uschold & King 在爱丁堡大学从开发企业本体（Enterprise Ontology）的经验中总结出的本体开发方法。图 3-1 给出了该模式的构建流程。

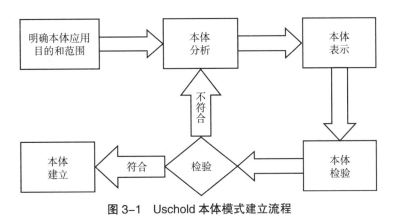

图 3-1　Uschold 本体模式建立流程

（2）TOVE 本体建立模式（又称 Gruninger&Fox 本体模式）

该模式是多伦多大学 Gruninger 与 Mark.S Fox 于 1996 年在做 TOVE 项目过程中总结出来的本体建立模式。图 3-2 给出了 TOVE 本体模式的构建流程。

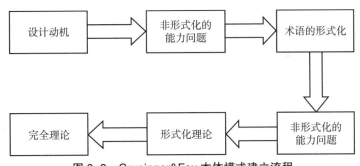

图 3-2　Gruninger&Fox 本体模式建立流程

（3）Meth 本体方法（Methontology 方法）

Meth 本体方法是马德里大学 Mariano Fernandez 和 Gomez Perez 等人在 1997 年开发的，应用于人工智能图书馆。其建立过程如下：

1）规格说明。识别本体开发的目的、预定的用户、应用环境、形式化的程度、描述范围等，其中描述范围包括要描述的术语、描述的特点以及描述的粒度。本部分的结果是一个自然语言形式的本体规格说明文档。

2）知识获取。知识获取与规格说明阶段的工作基本同时进行。这是一个非说明性的过程，因为知识源类型多种多样，知识获取方法也各不相同，例如可以通过咨询专家获取知识，也可以通过文本分析获取知识。

3）概念化。把领域术语识别为概念、实例、关系、属性，并且用便于应用的非形式化方式表示出来。

4）集成。集成已有的本体，如 Ontolingua 中的标准单位本体，借鉴已有本体中的定义，使本体与已有本体保持一致的形式，便于本体的共享。

5）实现。用某种形式语言形式化地表示本体。

6）评价。评价是 Meth 本体开发中一个重要的步骤，本体的评价方法可以参照知识系统中（KBSs）中的知识验证和评价（Validation and Verification）技术。

7）形成文档。整理上述成果，以文档形式记录并保存。本体的具体生命周期取决于原型的精确程度。一般地，一个本体的开发要经历以下阶段（与上面的过程阶段相对应）：规格描述、概念化、形式化、集成、实现，最后本体进入维护阶段，知识获取、评价和形成文档贯穿于本体的整个生命周期。

二、本体技术在油气管道标准内容揭示中的应用

1. 基本概念

（1）油气管道领域本体

油气管道领域本体是对油气管道领域涉及概念（术语）及概念（术语）间逻辑关系的组织揭示，使其在共享范围内有明确唯一的定义。

油气管道领域本体是在特定本体构建方法的基础上，结合分类法、主题法两种知识信息组织揭示方法的优势，以油气管道专业知识为支撑，并依据油气管道标准文献的规范条款或技术指标，建立起来的能够涵盖油气管道标准中出现的所有有效概念（术语）的体系表（树状结构表）。

（2）类目

类目等同于概念，类目是领域知识的本体元素，为某个领域对象的概念（术语），是建立本体的核心元素。类目的确定包括类目名、与其他类目关系的确定。类目分为母类目和子类目。

（3）类目名称

类目名称是表达类目概念（术语）的名称，它规定了类目的含义和范围，是表

示类目概念（术语）的词汇单元。

2. 油气管道领域本体的作用

油气管道领域本体主要有以下作用：

（1）油气管道领域本体表是油气管道标准内容揭示系统（以下简称"内容揭示系统"）数据库中一项重要的数据库项。

（2）本体技术是实现标准内容精确定位检索功能的关键技术之一。

3. 油气管道领域本体构建的原则

通过对现有本体技术知识的了解和学习，依据油气管道领域的特点和检索需求，在构建油气管道领域本体时需遵循以下原则：

（1）基本原则

1）各子类目的外延之和应等于母类目的外延。

2）划分的各子类目，其外延宜相互排斥。

3）每次划分应按同一原则进行。

4）划分应按层次逐级、由高到低、由简到繁进行，宜结合油气管道主营业务粗细结合。

5）对于交叉学科和新技术领域，在类目设置上应留有发展余地。油气管道领域本体表应随着标准的不断更新，进行持续的补充调整。

（2）特定原则

油气管道本体表每一级次类目的设置要求每一下级的类目应包含在其上一级类目内，即上一级类目的技术要求下级类目都要满足。

4. 油气管道领域本体构建方法

油气管道领域本体的构建需油气管道领域专业人员的参与，保证本体语义的正确性和完整性。油气管道领域本体的构建需遵循严格的构建步骤，使所构建的本体表能够实现内容揭示技术所需功能。油气管道领域本体表的构建方法包括确定本体的领域与范围、领域信息的收集和分析、概念的确定、建立本体框架、本体自定义集成、确定概念逻辑关系、建立完整的本体表、确认与评价、进化等部分，领域本体构建流程如图 3-3 所示。

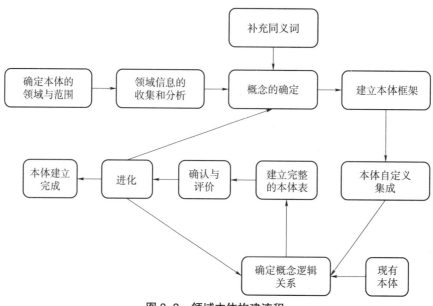

图 3-3　领域本体构建流程

5. 油气管道领域本体构建实例

按照油气管道领域本体构建原则与方法步骤，以 GB 50251—2015《输气管道工程设计规范》为例，其本体如表 3-2 所示。

表 3-2　GB 50251—2015《输气管道工程设计规范》本体

顶级中文概念	同义词	一级中文概念	同义词	二级中文概念	同义词	三级中文概念	同义词	四级中文概念	同义词	五级中文概念	同义词
石油天然气管道本体		建设工程		管道工程	长输管道工程	输气管道工程		线路		管道	
										截断阀	
										标识	
									输气站	压缩机组	压缩机
									站内管道	工艺管道	
									地下储气库		
									仪表		

三、油气管道领域体例技术

油气管道领域体例技术是实现标准内容对比检索的关键技术，油气管道标准体例是通过对油气管道同类标准的结构分解合并，建立起同类标准的具有可比性的框架结构。油气管道领域体例是在标准体例技术的基本概念、功能和作用等部分的基础上，结合具体类标准的特点，确定标准体例的构建原则和方法步骤，完成油气管道标准体例的构建。

1. 体例的基本概念

（1）体例

体例是指本体中具体实物所包含的属性及相关指标。

体例是指文献著作的编写格式或文章的组织形式。油气管道标准体例是指标准的结构形式。

（2）体例元数据

组成体例的每一个结构元素都是体例元数据。

2. 油气管道领域体例的作用

（1）油气管道领域体例是内容揭示系统数据库中一项重要的数据库项。

（2）油气管道领域体例技术是实现标准内容精确定位检索功能的关键技术之一。

3. 油气管道领域体例构建的原则

油气管道领域体例的建立需要遵循以下原则：

（1）对现有油气管道标准进行归类时，要广泛分析标准文献，按照专业主题范畴分类，而不是按照管理体系进行分类。对完成分类的标准类，要咨询相应领域的专家，根据意见和建议，修改和补充标准类，确定该类标准的体例属性。

（2）在油气管道标准体例构建前期，必须通过细致分析本类标准文献内容，对各标准的体例结构进行分析归纳，体例结构应尽量与同类标准的标准名称、标准内容结构或章节名保持一致，最终构建出一个通用的体例。

4. 油气管道领域体例的构建方法

油气管道领域体例的构建需遵循严格的构建步骤，使所构建的体例能够实现内容揭示技术所需的功能。油气管道领域体例的构建方法步骤包括 7 部分，体例构建流程见图 3-4。

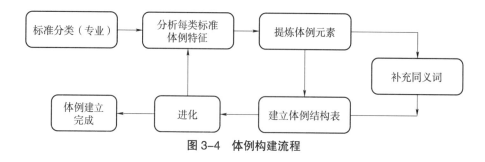

图 3-4　体例构建流程

5. 油气管道领域体例构建实例

根据油气管道标准体例原则和方法步骤，以 GB 50251—2015《输气管道工程设计规范》为例，其体例如表 3-3 所示。

四、油气管道标准术语提取技术

1. 术语及术语学

术语（term）是表示特定学科领域内概念的称谓集合，集中体现了一个学科领域的核心知识。术语同时是技术标准中不可或缺的基本元素，是技术交流与合作中统一概念的关键。规范化术语对于精确把握标准内容，促进行业交流、国际合作和科技发展等具有重要的意义。

术语学（terminology）是研究概念、定义和概念命名等规律的边缘学科。术语学最早是由奥地利的欧根·于斯特教授在 20 世纪 30 年代初创立的一门学科，冯志伟教授于 20 世纪 70 年代将其引进国内并开始研究。术语学是指导术语标准化工作的重要工具。

2. 术语提取技术

术语提取技术是以油气管道领域标准文本为语料，利用基于统计的模型和基于规则的模型相结合的一种提取方法。通过术语提取技术对标准语料中的关键技术信息和专业技术名词进行提取，可提高标准内容揭示加工的效率。该方法包括以下内容：

（1）油气管道标准文本分词技术研究。语料文本分词是标准术语提取的基础性工作，旨在对油气管道标准文本进行切分，将语料文本由连续的字序列切分为具有独立意义的词语序列，为术语提取提供基础。由于现有的分词软件分词结果过于细化，在利用中科院 ICTCLAS 软件切分标准文本的基础上，通过分别重组分词后的每一个词语序列，采用逆向最大匹配原则，根据停用词分割处理每一个组合结果，实现对词语的重新匹配，使词语得到更加合理的组合和拆分。

表3-3　GB 50251—2015《输气管道工程设计规范》体例

体例元数据行业代码	体例元数据行业名称	体例元数据主体代码	体例元数据主体名称	体例元数据主体名称同义词	体例元数据结构代码	体例元数据结构名称	体例元数据结构名称同义词	体例元数据代码	体例元数据名称	体例元数据名称同义词	属性
10	石油天然气	01	输油气管道		12	设计		01	范围		
10	石油天然气	01	输油气管道		12	设计		02	规范性引用文件		
10	石油天然气	01	输油气管道		12	设计		03	术语和定义		术语和定义
10	石油天然气	01	输油气管道		12	设计		08	基本要求		设计
10	石油天然气	01	输油气管道		12	设计		10	输送工艺	输油工艺；输气工艺	设计
10	石油天然气	01	输油气管道		12	设计		15	线路		设计
10	石油天然气	01	输油气管道		12	设计		20	结构设计		设计
10	石油天然气	01	输油气管道		12	设计		25	输油输气站		设计
10	石油天然气	01	输油气管道		12	设计		30	地下储气库地面设施		设计
10	石油天然气	01	输油气管道		12	设计		35	监控与系统调度		设计
10	石油天然气	01	输油气管道		12	设计		40	焊接、焊接检验、清管与试压		设计
10	石油天然气	01	输油气管道		12	设计		40.01	焊接与检验		设计
10	石油天然气	01	输油气管道		12	设计		40.02	清管		设计
10	石油天然气	01	输油气管道		12	设计		40.03	试压		设计

表 3-3（续）

体例元数据行业代码	体例元数据行业名称	体例元数据主体代码	体例元数据主体名称	体例元数据主体名称同义词	体例元数据结构代码	体例元数据结构名称	体例元数据结构名称同义词	体例元数据代码	体例元数据名称	体例元数据名称同义词	属性
10	石油天然气	01	输油气管道		12	设计		40.04	干燥		设计
10	石油天然气	01	输油气管道		12	设计		45	辅助生产设施		设计
10	石油天然气	01	输油气管道		12	设计		45.01	供配电		设计
10	石油天然气	01	输油气管道		12	设计		45.02	给水排水及消防		设计
10	石油天然气	01	输油气管道		12	设计		45.03	采暖通风和空气调节		设计
10	石油天然气	01	输油气管道		12	设计		50	健康、安全与环境节能	健康；安全与环境；环境保护	设计
10	石油天然气	01	输油气管道		12	设计		55	工艺设计		设计
10	石油天然气	01	输油气管道		12	设计		58	自动化设计		设计
10	石油天然气	01	输油气管道		12	设计		60	通信设计		设计
10	石油天然气	01	输油气管道		12	设计		62	供配电设计		设计
10	石油天然气	01	输油气管道		12	设计		64	防腐设计		设计
10	石油天然气	01	输油气管道		12	设计		66	公用工程		设计
10	石油天然气	01	输油气管道		12	设计		99	附录		

（2）基于 TF-IDF 的术语提取技术研究。在介绍 TF-IDF 算法的原理及如何利用 TF-IDF 算法实现油气管道领域标准术语提取的基础上，本文总结了油气管道标准文本特点，集成了油气管道领域标准非术语高频词汇集，成功过滤并优化了基于 TF-IDF 的术语提取结果。

（3）基于 C-MI 的术语提取技术研究。介绍了 C-value 和互信息（Mutual Information，MI）算法的原理，详细阐述了 C-MI 方法在油气管道标准术语提取中需要如何计算每个候选术语的每一个参数值。通过分析并研究大部分油气管道专业术语的词性构成特点，提出并改进了 4～8 字长术语的最大 C-value 参数值的计算方法，优化了以 C-MI 为代表的基于规则的方法，实现了 C-MI 方法在油气管道标准术语提取中的应用。最后给出了基于 C-MI 方法提取术语的结果及评价。

（4）TF-IDF 和 C-MI 相结合的术语提取技术研究。介绍了 TF-IDF 和 C-MI 相结合的术语提取技术原理。综合运用 TF-IDF 和 C-MI 参数，利用基于统计分布密度规律的方法试验并确定了最优分布下的参数，成功融合了这两个算法模型，创新性地提出了 TF-IDF 和 C-MI 相结合的术语提取方法。试验结果从不同层面充分反映了在油气管道标准术语提取中基于 TF-IDF 和 C-MI 相结合的方法不受文本领域相关性和文本数量的影响，提取结果要优于单独用 TF-IDF 和 C-MI 提取的方法。最后讨论了 TF-IDF 和 C-MI 相结合的术语提取方法的特点，指出该方法融合了 TF-IDF、C-value 和互信息的优点，更好地利用了词语的词频、结构紧密性和网状术语的特征。

3. 标准文本预处理

分词是中文语言处理的基础，在文本分类、文献标引、自然语言处理等应用中，首先都需要对中文文本进行分词处理。把文本连续字串分隔成单独的词串，就是分词系统所做的工作。

语料预处理及分词优化流程图如图 3-5 所示。分词优化流程分为 3 个模块：文本预处理模块、分词及分词优化模块和分词后处理模块。

4. 基于 TF-IDF 的术语提取技术研究

TF-IDF 作为一种常用的计算术语频率特性的参数，能充分反映词语在语料全局中的分布信息。使用 TF-IDF 方法时会涉及两个概念：

（1）词频（Term Frequency，TF），是指词语在特定语料中出现的总频率。

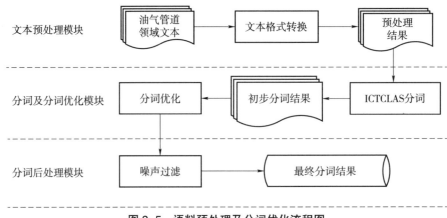

图 3-5 语料预处理及分词优化流程图

（2）文档频率（Document Frequency，DF）是指整个语料数据库中包含该特定词语的文档总数。逆文档频率则与文档频率相反，若某个词在越多文本中出现，说明该词的文档频率越高，相应的逆文档频率越低，说明该词语的领域鉴别能力越差。

TF-IDF 的计算原理认为，一般在整个语料库中，术语会集中出现在少量的特定领域文档中，这是判断其与普通词语区别的最大关键点。然而有很多专业领域基础术语在语料库中的覆盖率也很高，如在油气管道防腐专业标准文本体系中，"防腐方法"是经常被提及的一个术语，TF-IDF 方法能够很好地解决这个问题。

TF-IDF 是从统计的角度评估当前词条在相应文件中的重要程度。此参数与当前词条在文件中出现的次数成正比例关系，与包含该词语的文档总数成反比例关系。其计算方式见式（3-1）：

$$\text{TF-IDF}\left(t_{i,j}\right) = \frac{n_{i,j}}{\sum_{k} n_{k,j}} \times \lg \frac{|D|}{|d|} \quad\cdots\cdots\cdots\cdots\cdots\cdots\cdots\cdots\cdots（3\text{-}1）$$

式中：$t_{i,j}$ 表示出现在文档 j 中的第 i 个词语；$n_{i,j}$ 表示当前词语 $t_{i,j}$ 在此文档中的出现次数；$\sum_{k} n_{k,j}$ 表示此文档中的所有词语数目；$|D|$ 表示语料库中文档总数；$|d|$ 表示包含词语 $t_{i,j}$ 的所有文档总数。

该算法实现起来较简单，即通过计算每个油气管道领域候选术语的 TF-IDF 值并排序即可得到候选术语列表。具体计算过程为下列内容。

1）在所有语料集中初步计算每一个词语出现的总频次；

2）统计出背景语料中每条候选术语出现过的文本数量；

3）计算每个候选术语的 TF-IDF 值并排序；

4）反复试验选定阈值，筛选术语。

此公式实现后，即可对每一个候选术语的 TF-IDF 值进行计算并排序。图 3-6 是基于 TF-IDF 方法的术语提取流程图。

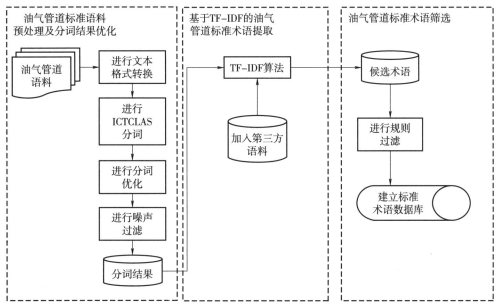

图 3-6 基于 TF-IDF 方法的术语提取流程图

5. 基于 C-MI 的术语提取技术研究

（1）C-MI 简介

C 值和互信息（C-value and Mutual Information，C-MI）是指将 C-value 和互信息结合的术语提取方法，C-value 和互信息方法是较为常用的两种术语提取算法。一方面，C-value 参数在分析简单术语与复杂术语之间的关系、术语与术语上下文之间的关系方面具有较好的优势；另一方面，互信息参数能够度量词语内部结合程度以及词语的合理组合。因此，将两者优势相结合，提出了一种精确度相对较高的基于规则的术语提取方法。

C-value 参数是一种独立的领域多字词术语提取方法，目标在于提高嵌套术语的提取效果。C-value 参数重点考虑语言学部分。其中，语言学信息包括：

①已标注语料信息；

②作用于已标注语料的词法过滤器；

③停用词列表。

C-MI 参数利用术语上下文（外部信息）和术语的内部组成成分（内部信息）来识别术语，主要受四方面的影响：

①当前字符串在语料集中出现的总频率，即术语度（termhood）；

②包含当前字符串的候选术语个数；

③包含当前字符串的候选术语种类；

④候选字符串的长度。

C-value 的定义如下：如果词 a 在文档中不可能与其他字或词组成新的长词串，那么它的 C-value 值通过式（3-2）计算：

$$\text{C-value}(a) = \log_2 g(a) \times f(a) \quad\quad\quad (3\text{-}2)$$

如果词 a 在文档中与其他单字或词有可能组成新的合并词，那么它的 C-value 值计算见式（3-3）。

$$\text{C-value}(a) = \log_2 g(a) \times f(a) - 1/p(T_a) \times {\textstyle\sum_{S \in Ta}} f(b) \quad\quad\quad (3\text{-}3)$$

式中，a 表示候选术语串；$f(a)$ 表示候选术语串在语料集中的总频率；T_a 表示由 a 组成的所有父串在语料集中出现的次数，而 $p(T_a)$ 表示 a 所有的父串个数。

综合上述定义可以看出，若 a 为极大串，则它不存在父串，即 C-value（a）=f（a）；若 a 为子串，则其 C-value 参数综合考虑了子串 a 及其所有父串之间的关系，例如对于极大串 a_1="中国石油大学"及其子串 a_2="石油"，如果 f（a_1）=f（a_2），则 C-value（a_1）=f（a_1），而 C-value（a_2）=0。因此，C-value 考虑了词语嵌套特征，能够有效地区分出父串与子串，对于多字长术语的准确提取效果很好。

另一方面，互信息参数度量的是两个子串 A 和 B 之间的相关性，其值常被用于评估字符串内部结合的紧密程度，往往有利于低频短术语的提取。互信息计算见式（3-4）。

$$\text{MI(A,B)} = \log_2 \frac{F(a,b)}{F(a) \times F(b)} \quad\quad\quad (3\text{-}4)$$

式中，F（a）和 F（b）分别表示子串 a 和子串 b 在语料中的出现概率，F（a, b）则表示 a 和 b 作为一个整体词串在语料中共现的概率，见式（3-5）。

$$F(a) = \frac{\text{C-}_{\text{value}}(a)}{N} \quad\quad\quad (3\text{-}5)$$

式中，N 为全部候选串的 C-value 值之和。

如果 $F(a, b) \geqslant F(a) \times F(b)$，则依据式（3-5）计算的互信息值就较大，那么 a 和 b 一起出现的频率比它们各自出现的频率高，则说明字符串 A 和 B 结合十分紧密；若 $F(a) \times F(b) \geqslant F(a, b)$，这样计算出来的互信息值就比较小，说明 A 和 B 各自出现的频率高于它们一起出现的频率。

结合式（3-4）和式（3-5），MI 值计算公式可以变换为式（3-6）。

$$\mathrm{MI}(a,b) = \log_2 \frac{F(a,b)}{F(a) \times F(b)} = \log_2 \frac{N \times [\mathrm{C}_{\text{-value}}(a,b)]}{[\mathrm{C}_{\text{-value}}(a)] \times [\mathrm{C}_{\text{-value}}(b)]} \quad\cdots\cdots\cdots\cdots（3\text{-}6）$$

术语提取技术研究的思想认为，术语一般不止一次出现在语料中，因此利用术语提取算法计算候选术语的参数时，一般只研究在语料中出现次数大于或等于两次的词串。

为方便计算，本文构造了一个 C-value 和互信息结合的 C-MI 参数，根据 C-MI 方法，对已经通过分词并优化得到的词语集计算出每个词的 C-MI 值并排序即可完成术语提取。

构造 C-MI 参数的目的是从复杂字符串的多种分解方式中逐一评估每个子串的内部联合强度，以找到某种最合理的分解方式。C-MI 参数的计算公式和推导方法如式（3-7）所示。

$$\mathrm{C\text{-}MI}(S_1 S_2 \cdots S_n) = \log_2 |S| * \log[\mathrm{C}_{\text{-value}}(S)] * \min[\mathrm{MI}(S_1, S_2)] \cdots \mathrm{MI}(S_{n-1}, S_n) \quad \cdots（3\text{-}7）$$

式中，S 表示多字词的字符串，即父串 $S=S_1 S_2 S_3, ..., S_n$，$|S|$ 表示字符串 S 的长度。C-value 见式（3-3），而 MI 值见式（3-6）。

记多字候选词语为 S，若 S 可以表示为 $S=S_1 S_2 S_3, ..., S_n$，则称之为 S 的一种分解；若 S 只能分解为 $S=S$，则称为自分解。复杂的候选字符串 S 可能有多种分解为子串的方式，如果 S 共有 n 种分解方式，则应该根据式（3-7）分别计算每一种分解后的 C-MI 值，假设 n 种分解方式后的 n 个子串分别为 $S_1 S_2, \cdots, S_n$，则复杂候选术语 S 的 C-MI 值如式（3-8）所示：

$$\mathrm{C\text{-}MI}(S) = \max(S_1 S_2, ..., S_n) \quad\cdots\cdots\cdots\cdots\cdots\cdots\cdots\cdots（3\text{-}8）$$

式（3-8）是对复杂候选术语 S 的所有分解子串进行计算评估后，取最大 C-MI 值来代表最合理的一种分解子串方式。

基于 C-MI 的术语提取方法综合考虑了 C-value 参数在长术语提取方面的优势和互信息参数适用于度量词语间紧密度的优势，是一种精确度更高的术语提取算法。

（2）C-MI算法实现

分析获取了关于标准文本的语言规则后，在标准文本语料库中把符合常用模式的字符串提取出来；为了提高准确率，再把其中包含停用词的字符串过滤掉，也就是排除绝对不可能是术语的字符串；剩下的序列集则作为进一步进行统计处理的词串集。至此，规则预处理语料完毕。

通过总结的规则处理完语料后，系统首先采用C-value值来评价术语与上下文之间的关系；然后利用互信息评价候选长术语的词间结合强度来进行术语提取。其提取流程如图3-7所示，算法流程如图3-8所示。

（3）TF-IDF和C-MI相结合的术语提取方法

先在基于TF-IDF的方法下处理大量文本，提取并删除非术语子串等垃圾信息，再结合C-MI算法对已经提取出来的候选术语进行逐条计算、排序并给出术语提取列表。

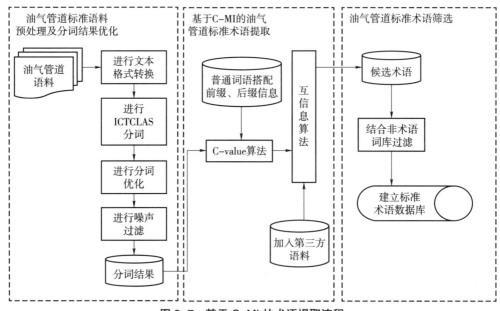

图3-7 基于C-MI的术语提取流程

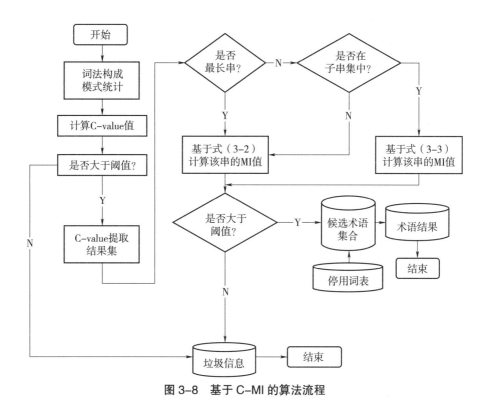

图 3-8　基于 C-MI 的算法流程

　　TF-IDF 和 C-MI 相结合的术语提取过程简图如图 3-9 所示，基于 TF-IDF 进行初步的术语提取过程，在其结果集上用 C-MI 方法判断部分词串，高于设定阈值的结果则加入候选术语结果集，具体流程见图 3-10。该方法融合了 TF-IDF、C-value 和互信息的优点，能够更好地利用词语的词频、结构紧密性和网状术语的特征。

图 3-9　TF-IDF 和 C-MI 相结合的术语提取过程简图

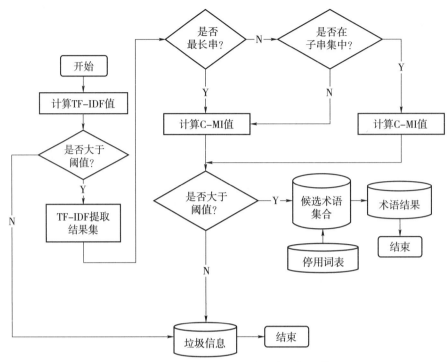

图 3-10　TF-IDF 和 C-MI 相结合的术语提取算法流程

第三节　油气管道标准揭示加工

一、基本概念

油气管道标准揭示加工技术是将油气管道标准涉及的数据按照特定的步骤和规范录入油气管道内容揭示数据库中，以便实现内容揭示系统的各项检索功能。

（1）揭示条目

根据油气管道专业知识和用户的检索要求，依据揭示条目划分规范，对标准划分的每一个检索点称为一个揭示条目。

（2）主题对象

每一个揭示条目所描述的具有独立检索价值的具体事物称为该揭示条目的主题对象，作为一级揭示指标填入加工数据库中一级揭示指标项内。

（3）技术指标

揭示条目中所描述主题对象的某个特性或某一方面的指标等属性，称为技术指标，作为二级揭示指标填入数据库中二级揭示指标项内。

（4）揭示类

当揭示条目中主题对象和技术指标已经确定，但是在揭示条目中，技术指标是按照特定类别进行细分形成的细化类别，如细分类别为时间段、地域区分、产品级别等时，则细化类别称为揭示类，分为揭示指标一级类、揭示指标二级类和揭示指标三级类。在揭示加工时，应将细化类别分别填入数据库揭示指标类对应项目中。

（5）揭示内容注释

对揭示条目的内容进行解释或说明的内容称为揭示内容注释。

（6）数据加工著录

数据加工著录是指对所要处理文献的内容和形式特征进行分析、选择、处理并记录入库的过程。

二、油气管道标准揭示加工技术的作用

油气管道标准揭示加工技术是在对油气管道标准分析、油气管道领域本体研究和建立、油气管道标准体例研究和建立等工作的基础上完成的。油气管道标准内容揭示数据库录入界面如图 3-11 所示。

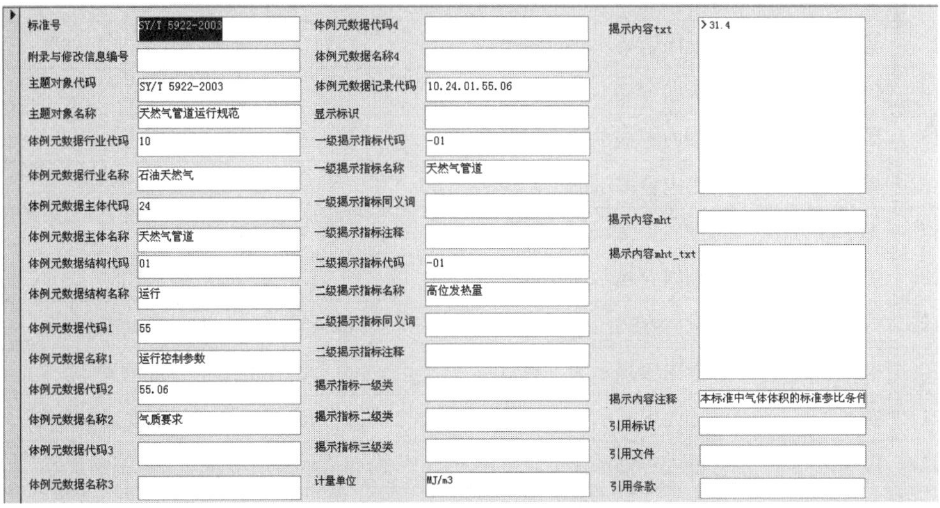

图 3-11　油气管道标准内容揭示数据库录入界面

三、油气管道标准揭示加工规范

1. 加工规范列表

油气管道标准揭示加工规范对标准内容揭示数据加工的格式、代码和方法等进行了规定，主要分为标准内容揭示元数据著录规范、标准内容揭示加工规范、标准内容揭示代码规范三大类，揭示数据加工规范见表3-4。

表3-4 揭示数据加工规范列表

序号	规范对象	规范类型	规范名称
1	揭示主库	标准内容揭示元数据著录规范	内容揭示主题对象元数据著录规范
2	揭示主库	标准内容揭示元数据著录规范	内容揭示数据库元数据著录规范
3	揭示工具	标准内容揭示元数据著录规范	标准内容揭示词表元数据著录规范
4	揭示工具	标准内容揭示元数据著录规范	标准体例结构元数据著录规范
5	检索工具	标准内容揭示元数据著录规范	内容揭示范畴表元数据著录规范
6	检索工具	标准内容揭示元数据著录规范	标准体系表元数据著录规范
7	检索工具	标准内容揭示元数据著录规范	国际标准分类法元数据著录规范
8	检索工具	标准内容揭示元数据著录规范	标准文献分类法元数据著录规范
9	辅助数据	标准内容揭示元数据著录规范	计量单位元数据著录规范
10	辅助数据	标准内容揭示元数据著录规范	注释元数据著录规范
11	辅助代码	标准内容揭示代码规范	发布机构代码
12	辅助代码	标准内容揭示代码规范	行业体系代码
13	辅助代码	标准内容揭示代码规范	语种代码
14	揭示加工	标准内容揭示加工规范	主题对象标引规范
15	揭示加工	标准内容揭示加工规范	揭示指标加工规范
16	揭示加工	标准内容揭示加工规范	类与单位加工规范
17	揭示加工	标准内容揭示加工规范	内容揭示加工规范
18	揭示加工	标准内容揭示加工规范	内容揭示加工著录规范
19	揭示加工	标准内容揭示加工规范	油气管道揭示指标确定方法
20	揭示工具	标准内容揭示加工规范	标准体例结构分析规范
21	揭示工具	标准内容揭示加工规范	内容揭示词表编制规范
22	揭示工具	标准内容揭示加工规范	内容揭示专用本体分类表编制规范
23	揭示工具	标准内容揭示加工规范	体例元数据与揭示指标元数据名称加工规范
24	揭示工具	标准内容揭示加工规范	体例元数据属性加工规范
25	数据表示	标准内容揭示加工规范	标准揭示中注释浮动条加工规范

表 3-4（续）

序号	规范对象	规范类型	规范名称
26	数据表示	标准内容揭示加工规范	揭示指标引自其他标准的加工规范
27	数据表示	标准内容揭示加工规范	内容揭示引见加工规范
28	数据表示	标准内容揭示加工规范	内容揭示数据公式图形加工规范
29	数据处理	标准内容揭示加工规范	Word 文本加工校对规范
30	数据处理	标准内容揭示加工规范	标准电子文本存档格式规范

2. 标准内容揭示元数据著录规范

标准内容揭示元数据包括标准号、发布机构代码、主题对象名称、主题对象代码、对应国外标准（多值）、主题对象内容与适用范围、主题对象应用范畴、主题对象体系相关标准、内容揭示词、范畴号、主题对象产品代码、本位体系代码、上位体系代码、下位体系代码（多值）、体例元数据代码、体例元数据同义词、一级揭示指标代码、一级揭示指标名称、一级揭示指标名称注释、一级揭示指标同义词、二级揭示指标代码、二级揭示指标名称、二级揭示指标名称注释、二级揭示指标同义词、揭示指标一级类、揭示指标二级类、揭示指标三级类、计量单位、揭示内容、揭示内容注释、引用文件、引用条款等内容。

标准内容揭示元数据著录规范包括《标准内容揭示主题对象元数据著录规范》《内容揭示数据库元数据著录规范》《标准内容揭示词表元数据著录规范》《标准体例结构元数据著录规范》《标准内容揭示范畴表元数据著录规范》《标准体系表元数据著录规范》《国际标准分类法元数据著录规范》《中国标准文献分类法元数据著录规范》《计量单位元数据著录规范》《注释元数据著录规范》10 个规范。

3. 标准内容揭示加工规范

标准内容揭示加工规范包括《主题对象标引规范》《揭示指标加工规范》《类与单位加工规范》《内容揭示加工规范》《内容揭示加工著录规范》《油气管道揭示指标确定方法》《标准体例结构分析规范》《内容揭示词表编制规范》《内容揭示专用本体分类表编制规范》《体例元数据与揭示指标元数据名称加工规范》《体例元数据属性加工规范》《标准揭示中注释浮动条加工规范》《揭示指标引自其他标准的加工规范》《内容揭示引见加工规范》《内容揭示数据公式图形加工规范》《Word 文本加工校对规范》《标准电子文本存档格式规范》17 个规范。

4. 标准内容揭示代码规范

标准内容揭示代码规范包括《发布机构代码》《行业体系代码》《语种代码》等 3 个规范。

四、揭示数据加工著录步骤

油气管道标准揭示数据加工著录复杂繁琐，不仅需要大量的时间和人力，而且还需要综合考虑油气管道标准内容、本体、体例等众多因素。油气管道标准揭示数据加工著录流程如图 3-12 所示。

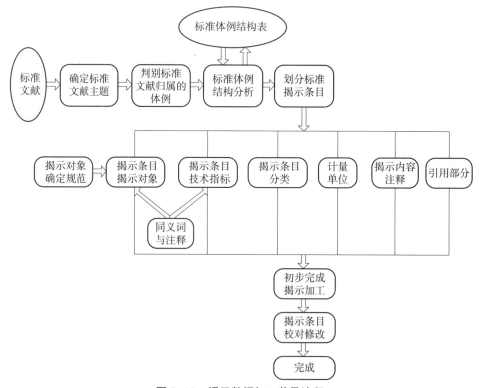

图 3-12　揭示数据加工著录流程

五、揭示数据加工著录加工实例

根据油气管道标准揭示数据加工著录规范及步骤，以 GB 50251—2015《输气管道工程设计规范》为例，揭示数据如表 3-5 所示。

表 3-5　GB 50251—2015《输气管道工程设计规范》揭示数据

标准号	主题对象代码	主题对象名称	体例元数据行业代码	体例元数据行业名称	体例元数据主体代码	体例元数据主体名称	体例元数据结构代码	体例元数据结构名称	体例元数据代码1	体例元数据名称1
GB 50251—2015	GB 50251—2015	输气管道工程设计规范	10	石油天然气	01	输油气管道	12	设计	15	线路

	显示标识	一级揭示指标代码	一级揭示指标名称	一级揭示指标同义词	一级揭示指标注释	二级揭示指标代码	二级揭示指标名称	二级揭示指标同义词
体例元数据记录代码	*	-01	输气管道			-06	线路管道防腐与保温	线路管道防腐，线路管道保温、防腐
10.01.12.15								

体例元数据代码2	体例元数据名称2	揭示内容 mht	揭示内容 mht_txt	揭示内容注释	引用标识	引用文件	引用条款
						GB/T 21447《钢质管道外腐蚀控制规范》	

揭示内容 txt

输气管道应采取外防腐层加阴极保护的联合防护措施，管道的防腐蚀设计应符合 GB/T 21447《钢质管道外腐蚀控制规范》的有关规定

第四节 油气管道标准内容揭示系统功能

一、系统简介

油气管道技术标准内容揭示系统是利用标准内容揭示技术，通过对标准技术指标的系统揭示和有效组织，实现从"基本字段信息"到"重要技术指标"检索、从计算机检索到移动检索的高效标准信息检索系统。

该系统应用于油气管道领域，不仅能提供标准全文内容的检索、浏览等功能，还能实现对技术指标的精确定位与检索以及不同标准中同一技术指标的对比。满足广大管道工程技术人员标准检索的需求，能更好地服务油气管道的安全运营与管理。

油气管道技术标准内容揭示系统包括揭示系统 PC 端、移动 App 客户端和标准可视化系统三大用户端。

二、油气管道技术标准内容揭示系统 PC 端功能及使用方法

油气管道技术标准内容揭示系统 PC 端系统主界面如图 3-13 所示。

1. 系统登录

用户在使用标准内容揭示检索功能之前。需在系统的用户登录中心界面，通过注册的账号和密码登录，依照用户权限使用揭示检索功能。采用用户密码的登录方式，便于管理用户权限，保证系统及技术信息安全性的同时，不影响用户使用，如图 3-14 所示。

2. 系统功能及使用方法

（1）标准内容揭示检索

标准内容揭示检索包括直接检索、高级检索和全文检索三种检索方式。

1）直接检索

登录油气管道技术标准内容揭示系统后点击左侧导航栏【直接检索】，即可进行标准揭示内容直接检索，如图 3-15 所示。

图 3-13　PC 端系统主界面

图 3-14　系统登录

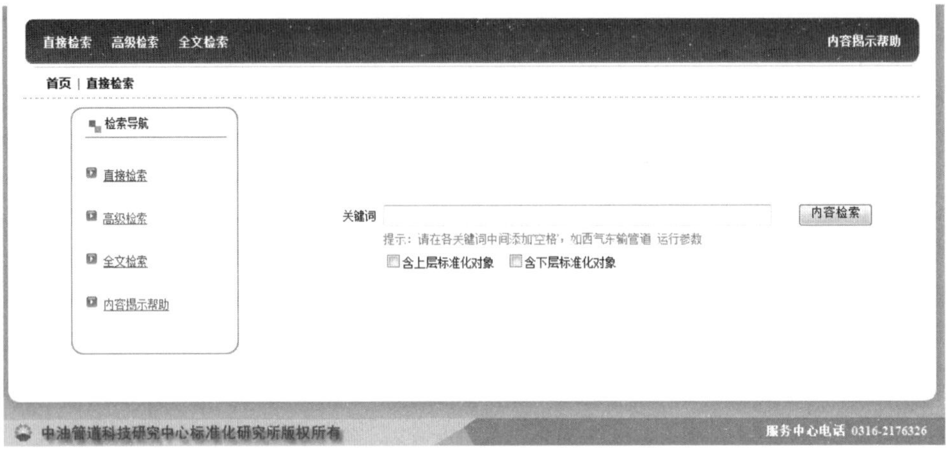

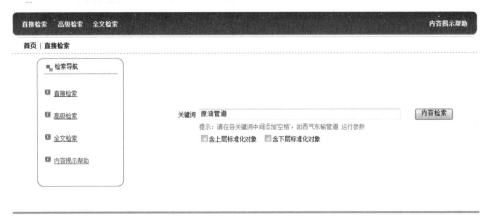

图 3-15　标准内容揭示直接检索界面

　　在主题词输入框中输入关键词，多个关键词以空格相分隔，点击检索进入检索结果界面，例如，输入"原油管道"，如图 3-16 所示，检索结果如图 3-17 所示。如需查询上层标准或下层标准内容，可选中【含上层标准化对象】或【含下层标准化对象】，系统默认为"含下层标准化对象"检索，即所查主题词的下位概念作为主题词揭示的内容会显示，含上层标准化对象是指所查主题词的上位概念作为主题词揭示的内容也会出现，如图 3-18 ～图 3-21 所示；若【含上层标准化对象】与【下层标准化对象】同时选中，可查询所有与关键词相关的结果，如图 3-22 和图 3-23所示。

图 3-16　标准内容揭示直接检索界面

图 3-17　标准内容揭示直接检索结果界面

图 3-18　标准内容揭示直接检索界面（含上层标准化对象）

图 3-19　标准内容揭示直接检索结果界面（含上层标准化对象）

图3-20 标准内容揭示直接检索界面（含下层标准化对象）

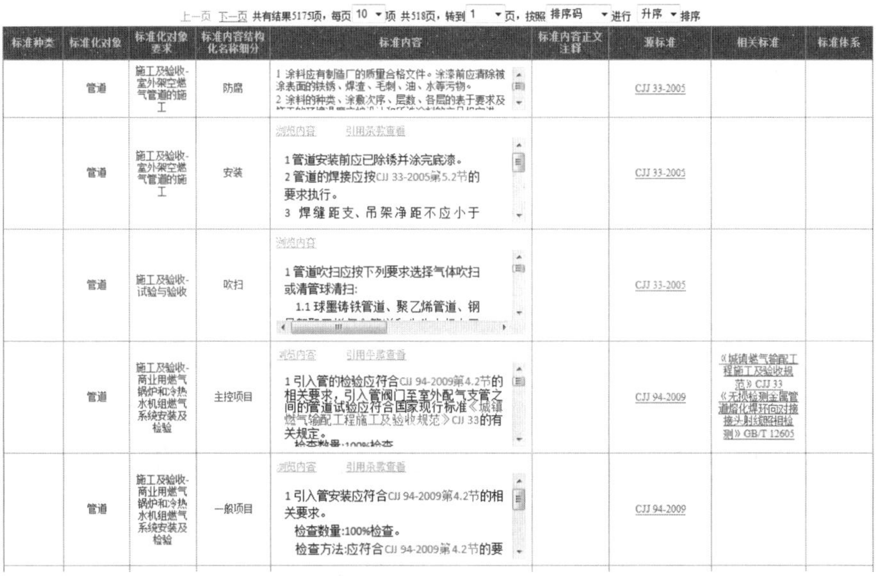

标准种类	标准化对象	标准化对象要求	标准内容结构化名称细分	标准内容	标准内容正文注释	源标准	相关标准	标准体系
管道	施工及验收·室外架空燃气管道的施工	防腐	1 涂料应有制造厂的质量合格文件。涂漆前应清除被涂表面的铁锈、焊渣、毛刺、油、水等污物。2 涂料的种类、涂覆次序、层数、各层的表于要求及		CJJ 33-2005		
管道	施工及验收·室外架空燃气管道的施工	安装	1 管道安装前应已除锈并涂完底漆。2 管道的焊接应按CJJ 33-2005第5.2节的要求执行。3 焊缝距支、吊架净距不应小于		CJJ 33-2005		
管道	施工及验收·试验与验收	吹扫	1 管道吹扫应按下列要求选择气体吹扫或清管球清扫:1.1 球墨铸铁管道、聚乙烯管道、钢		CJJ 33-2005		
管道	施工及验收·商业用燃气锅炉和冷热水机组燃气系统安装及检验	主控项目	1 引入管的检验应符合CJJ 94-2009第4.2节的相关要求。引入管阀门至室外配气支管之间的管道试验应符合国家现行标准《城镇燃气输配工程施工及验收规范》CJJ 33的有关规定。检查数量:100%检查		CJJ 94-2009	《城镇燃气输配工程施工及验收规范》CJJ 33《无损检测金属管道焊缝中检验连续射线照相检测》GB/T 12605	
管道	施工及验收·商业用燃气锅炉和冷热水机组燃气系统安装及检验	一般项目	1 引入管安装应符合CJJ 94-2009第4.2节的相关要求。检查数量:100%检查。检查方法:应符合CJJ 94-2009第4.2节的要		CJJ 94-2009		

图3-21 标准内容揭示直接检索结果界面（含下层标准化对象）

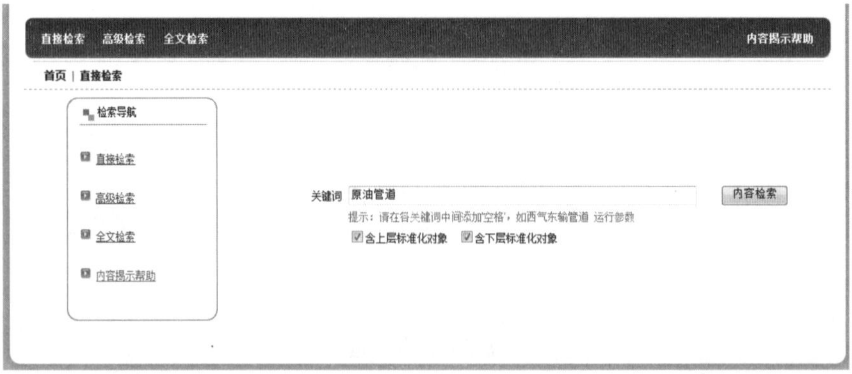

图3-22 标准内容揭示直接检索界面（含上层标准化对象和含下层标准化对象）

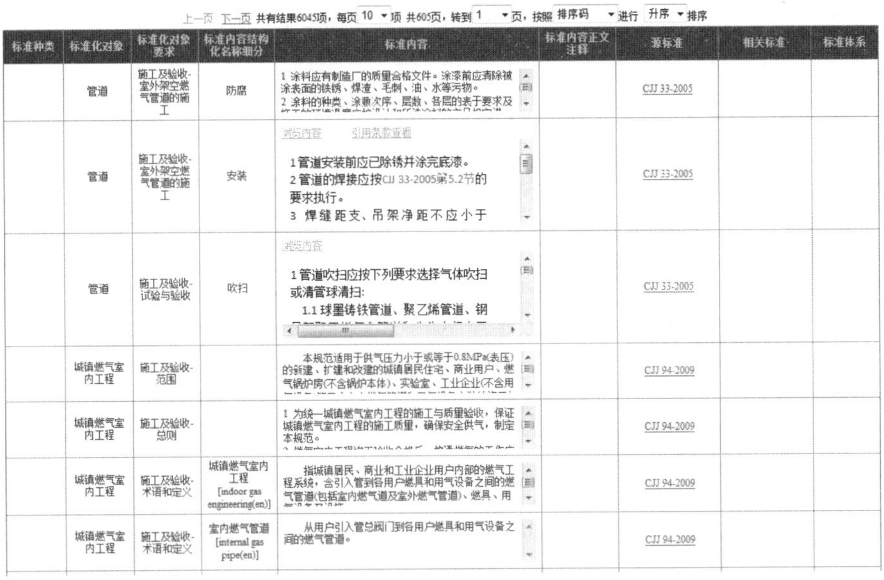
上一页 下一页 共有结果6045项，每页 10 项 共605页，转到 1 页，按照 排序码 进行 升序 排序
标准种类
标准化对象
标准化对象要求
标准内容结构化名称细分
标准内容
标准内容正文注释
源标准
相关标准
标准体系
管道
施工及验收-室外架空燃气管道的施工
防腐
1 涂料应有制造厂的质量合格文件。涂漆前应清除被涂表面的铁锈、焊渣、毛刺、油、水等污物。
2 涂料的种类、涂敷次序、层数、各层的表干要求及
CJJ 33-2005
管道
施工及验收-室外架空燃气管道的施工
安装
浏览内容
引用条款查看
1 管道安装前应已除锈并涂完底漆。
2 管道的焊接应按CJJ 33-2005第5.2节的要求执行。
3 焊缝距支、吊架净距不应小于
CJJ 33-2005
管道
施工及验收-试验与验收
吹扫
浏览内容
1 管道吹扫应按下列要求选择气体吹扫或清管球清扫:
1.1 球墨铸铁管道、聚乙烯管道、钢
CJJ 33-2005
城镇燃气室内工程
施工及验收-范围
本规范适用于供气压力小于或等于0.8MPa(表压)的新建、扩建和改建的城镇居民住宅、商业用户、燃气锅炉房(不含锅炉本体)、实验室、工业企业(不含用
CJJ 94-2009
城镇燃气室内工程
施工及验收-总则
1 为统一城镇燃气室内工程的施工与质量验收，保证城镇燃气室内工程的施工质量，确保安全供气，制定本规范。
CJJ 94-2009
城镇燃气室内工程
施工及验收-术语和定义
城镇燃气室内工程 [indoor gas engineering(en)]
指城镇居民、商业和工业企业用户内部的燃气工程系统，含引入管到各用户燃具和用气设备之间的燃气管道(包括室内燃气道及室外燃气管道)、燃具、用
CJJ 94-2009
城镇燃气室内工程
施工及验收-术语和定义
室内燃气管道 [internal gas pipe(en)]
从用户引入管总阀门到各用户燃具和用气设备之间的燃气管道。
CJJ 94-2009

图 3–23　标准内容揭示直接检索结果界面（含上 / 下层标准化对象）

2）高级检索

进入油气管道技术标准内容揭示系统后点击左侧导航栏【高级检索】，即可进行标准揭示内容高级检索，如图 3-24 所示。

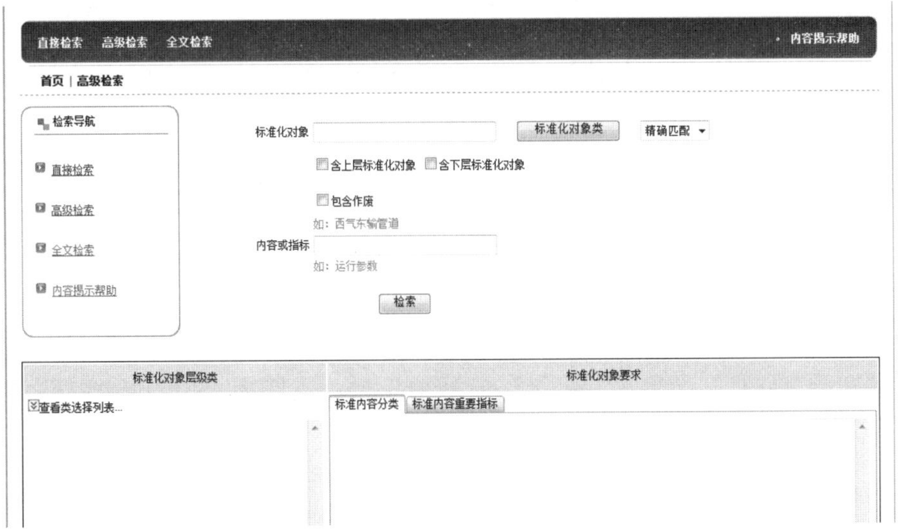
直接检索　高级检索　全文检索
内容揭示帮助
首页 | 高级检索
检索导航
直接检索
高级检索
全文检索
内容揭示帮助
标准化对象
标准化对象类
精确匹配
含上层标准化对象
含下层标准化对象
包含作废
如：西气东输管道
内容或指标
如：运行参数
检索
标准化对象层级类
标准化对象要求
查看类选择列表...
标准内容分类
标准内容重要指标

图 3–24　标准内容揭示高级检索界面

标准内容揭示高级检索包含以下多个检索选项：

【精确匹配】：确定所查主题词时可选择，系统将于本体中检索所有完全匹配的关键词，如图 3-25 所示。

【模糊匹配】：不确定所查主题词时可选择，系统将于本体中检索所有含有关键词的词语，如图 3-25 所示。

【含下层标准化对象】：系统默认为含下层标准化对象检索，即所查主题词的下位概念作为主题词揭示的内容会显示。

【含上层标准化对象】：所查主题词的上位概念作为主题词揭示的内容也会出现。

图 3-24 中左侧“标准化对象层级类”显示，“西气东输管道”的上位概念为“输气管道”，下位概念为“博爱分输站”“长铝末站”等。

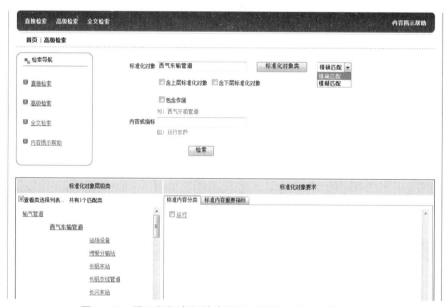

图 3–25　揭示数据高级检索界面（精确匹配 / 模糊匹配）

【包含作废】：系统默认作废标准的揭示内容不出现，若需查询，则选中，网页显示结果中作废标准将以红色标注，见图 3-26。

上一页 下一页 共有结果105项，每页 10 项 共11页，转到 1 页，按照 排序码 进行 升序 排序

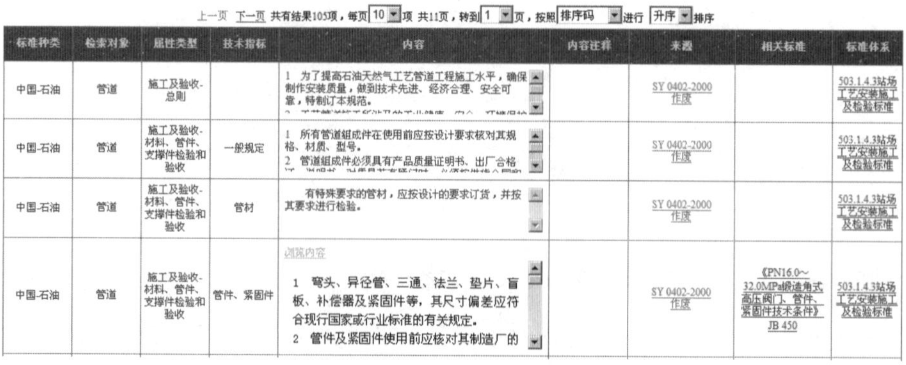

标准种类	检索对象	属性类型	技术指标	内容	内容注释	来源	相关标准	标准体系
中国-石油	管道	施工及验收-总则		1　为了提高石油天然气工艺管道工程施工水平，确保制作安装质量，做到技术先进、经济合理、安全可靠，特制订本规范。		SY 0402-2000 作废		503.1.4.3站场工艺安装施工及检验标准
中国-石油	管道	施工及验收-材料、管件、支撑件检验和验收	一般规定	1　所有管道组成件在使用前应按设计要求核对其规格、材质、型号。 2　管道组成件必须具有产品质量证明书、出厂合格		SY 0402-2000 作废		503.1.4.3站场工艺安装施工及检验标准
中国-石油	管道	施工及验收-材料、管件、支撑件检验和验收	管材	有特殊要求的管材，应按设计的要求订货，并按其要求进行检验。		SY 0402-2000 作废		503.1.4.3站场工艺安装施工及检验标准
中国-石油	管道	施工及验收-材料、管件、支撑件检验和验收	管件、紧固件	浏览内容 1　弯头、异径管、三通、法兰、垫片、盲板、补偿器及紧固件等，其尺寸偏差应符合现行国家或行业标准的有关规定。 2　管件及紧固件使用前应核对其制造厂的		SY 0402-2000 作废	《PN16.0～32.0MPa锻造角式高压阀门、管件、紧固件技术条件》JB 450	503.1.4.3站场工艺安装施工及检验标准

图 3–26　作废标准显示

标准揭示内容高级检索共有两种方式：直接式检索和导航式检索。

方式一：直接式检索（标准化对象 + 内容或指标检索）

在“标准化对象”与“内容或指标”输入框中分别输入关键词，单击检索。例如，在“标准化对象”输入框中输入“原油管道”，在“内容或指标”输入框中输入“流程操作”，如图 3-27 所示。检索结果如图 3-28 所示。

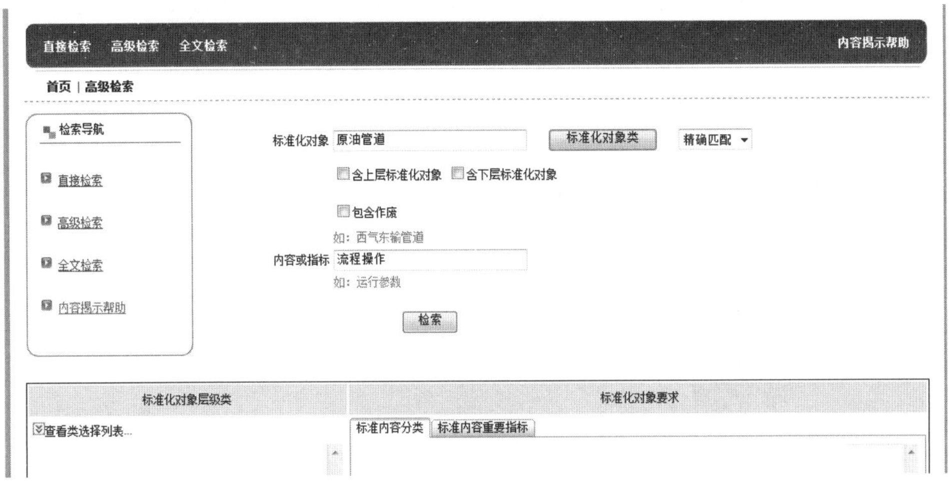

图 3–27　直接式检索界面

标准种类	标准化对象	标准化对象要求	标准内容结构化名称细分	标准内容	标准内容正文注释	源标准	相关标准	标准体系
中国-国标	原油管道	运行-工艺流程操作原则	站场工艺及设备 [站场工艺,设备]	浏览内容 1 原油储罐宜选用浮顶油罐。 2 输油站储罐设置应满足管道安全运行的需求，储罐设置应符合下列规定： 2.1 输油首站、注入站及末站设置的储		GB 50253-2014	《石油化工液体物料铁路装卸车设施设计规范》SH/T 3107 《海港总体设计规范》JTS 165 《原油动态计量一般原则》GB/T 9109.1 《液态烃动态测量体积计量流量计检定系统》GB/T 17286 《液态烃动态测量体积计量系统的统计控制》GB/T 17287 《液态烃体积测量容积式流量计计量系统》GB/T 17288 《液态烃体积测量涡轮流量计计量系统》GB/T 17289 《科里奥利质量流量计检定规程》JJG 1038	
中国-国标	原油管道(站内管道及设备)	运行-工艺流程操作原则	防腐与保温	浏览内容 1 站内地面钢质管道和金属设施应采用防腐层进行腐蚀防护。 2 站内地下钢质管道的防腐层应为加强级或特加强级，也可采取外防腐层和阴极保		GB 50253-2014	《钢质石油储罐防腐蚀工程技术规范》GB/T 50393 《埋地钢质管道防腐保温层技术标准》GB/T 50538 《工业设备及管道绝热工程设计规范》GB 50264	

图 3–28　直接式检索结果

方式二：导航式检索（标准化对象 + 标准内容分类、标准内容重要指标检索）

标准化对象输入框中输入关键词，点击【标准化对象类】，选择所选类后，根据右侧属性栏中"标准内容分类"或"标准内容重要指标"的选项卡导航，选中技术指标，单击【检索】。

注：此类方法"内容或指标"输入框中无需输入内容，若"内容或指标"输入框中输入内容，则默认为直接式检索。

例如，检索原油管道的流程操作方面内容。"标准化对象"输入框输入"原油管道"，点击【标准化对象类】。因为同一本体词可能出现在揭示词表的多个位置，若为单一匹配类则不用选择，如若为多项匹配类，可依据上下位本体的显示结果选择相关匹配类，如图 3-29 所示。

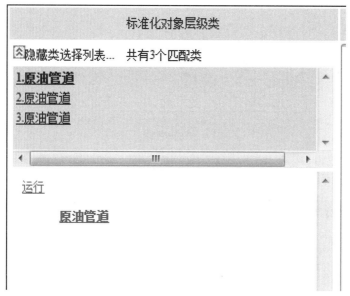

图 3-29　多本体词选择界面

本体选择确定后，查询本体的特性以及指标分别显示在属性栏里面的"标准内容分类""标准内容重要指标"选项卡中，如图 3-30 所示。

图 3-30　标准内容分类与标准内容重要指标检索界面

单击上级、下级本体类链接，可对该本体类的特性以及指标进行显示。单击特性项，显示下一级特性，可根据标准内容分类选项卡中的多级提示选择所需检索的技术指标。如图 3-31 所示。

图 3-31　标准内容分类选择界面

选好标准内容分类后，单击【检索】进行查询，结果如图 3-32 所示。结果中，单击来源列中的标准号，可以连接至标准文献题录页面，进行标准原文的查阅和下载。当结果页面的内容栏出现"浏览内容"按钮时，可以单击【浏览内容】，在新页面中查看标准内容，如图 3-33 所示。当有引用条款存在时，可以单击【引用条款查看】进入新页面查看，如图 3-34 所示。

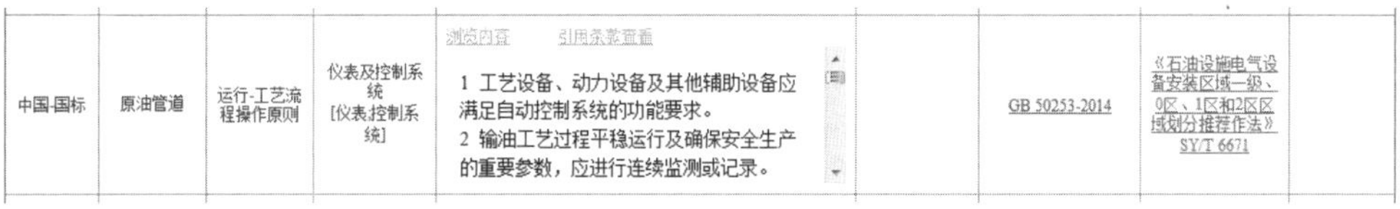

| 中国·国标 | 原油管道 | 运行·工艺流程操作原则 | 仪表及控制系统
[仪表·控制系统] | 浏览内容　引用条款查看
1 工艺设备、动力设备及其他辅助设备应满足自动控制系统的功能要求。
2 输油工艺过程平稳运行及确保安全生产的重要参数，应进行连续监测或记录。 | | GB 50253-2014 | 《石油设施电气设备安装区域一级、0区、1区和2区区域划分推荐作法》SY/T 6671 |

图 3-32　揭示检索结果界面

1 工艺设备、动力设备及其他辅助设备应满足自动控制系统的功能要求。
2 输油工艺过程平稳运行及确保安全生产的重要参数，应进行连续监测或记录。
3 仪表选型应符合下列规定：
　3.1 应选用安全、可靠、技术先进的标准系列产品；
　3.2 检测和控制仪表宜采用电动仪表；
　3.3 仪表输入、输出信号应采用标准信号；
　3.4 直接与介质接触的仪表，应满足管道及设备的设计压力、温度及介质的物性要求；
　3.5 现场应安装供运行人员巡回检查和就地操作的就地显示仪表。
4 爆炸危险区域内安装的电动仪表、设备，其防爆结构应按表1确定。

图 3-33　揭示数据浏览内容界面

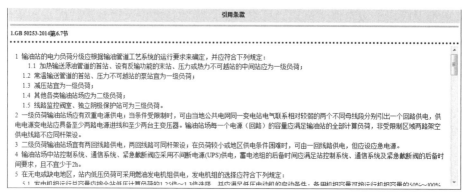

图 3-34　揭示数据引用条款查看界面

3）全文检索

登录油气管道技术标准内容揭示系统后，点击左侧导航栏【全文检索】，即可进行全文检索，如图 3-35 所示。在"关键词"输入框输入关键词，多个关键词以空格相分隔，即可查询到所有含有此词语的内容，并标红显示。如输入"出口压力"，检索结果如图 3-36 所示。

图 3-35　揭示数据全文检索界面

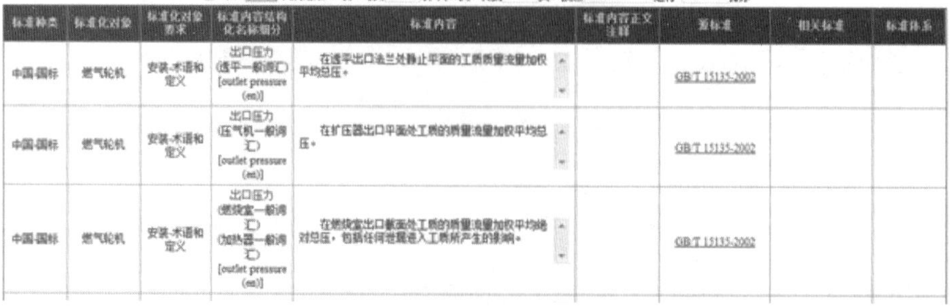

图 3-36　揭示数据全文检索结果显示界面

4）内容揭示帮助

如需了解内容揭示检索的使用方法，点击【内容揭示帮助】按钮，进入内容揭示使用方法的帮助界面，如图 3-37 所示。

图 3-37 内容揭示使用方法帮助界面

3. 用户反馈

如需提供宝贵建议或存在疑问，可点击任何检索界面【反馈】按钮，进入用户反馈界面，如图 3-38 和图 3-39 所示。

图 3-38 用户反馈界面（一）

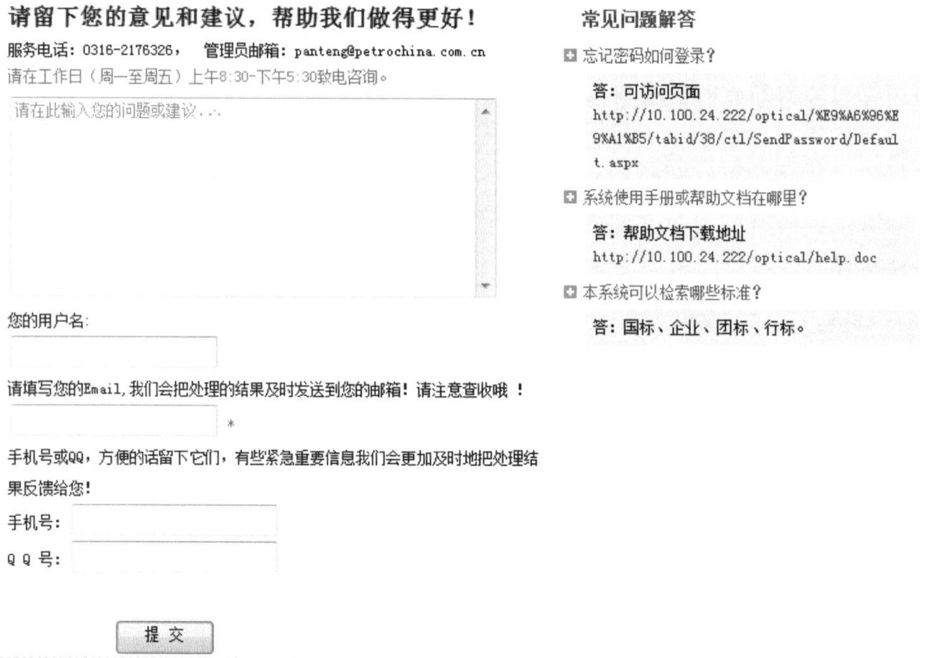

请留下您的意见和建议，帮助我们做得更好！

服务电话：0316-2176326， 管理员邮箱：panteng@petrochina.com.cn

请在工作日（周一至周五）上午8:30-下午5:30致电咨询。

请在此输入您的问题或建议...

您的用户名：

请填写您的Email，我们会把处理的结果及时发送到您的邮箱！请注意查收哦！

*

手机号或QQ，方便的话留下它们，有些紧急重要信息我们会更加及时地把处理结果反馈给您！

手机号：

Ｑ Ｑ 号：

提 交

常见问题解答

⊞ 忘记密码如何登录？

答： 可访问页面

http://10.100.24.222/optical/%E9%A6%96%E9%A1%B5/tabid/38/ctl/SendPassword/Default.aspx

⊞ 系统使用手册或帮助文档在哪里？

答： 帮助文档下载地址

http://10.100.24.222/optical/help.doc

⊞ 本系统可以检索哪些标准？

答： 国标、企业、团标、行标。

图 3-39　用户反馈界面（二）

第四章 油气管道标准可视化检索

第一节 标准可视化检索技术方法

在信息化高速发展的今天，数据和信息无处不在。对于每个企业而言，信息和数据的价值是不可估量的。企业的运行离不开数据，然而面对庞大的数据，企业员工往往不知从何下手。在海量的数据中筛选出自己所需要的数据信息，是很费时费力的，也使得员工的工作效率下降。

信息可视化是一种信息处理方式，是通过抽象数据的可视化表示以增强人类感知的研究。将数据信息以图形的方式显示出来，如树状图和饼状图等，可以使人们更加直观便捷地查看和了解数据。在进行数据筛选时，使用图形来对数据进行上钻和下钻，这便使得数据筛选更加有据可查，不至于筛选混乱，也使得数据筛选更加井然有序，节省大量的人力和物力。

为了厘清海量信息之间的复杂关系，需要提取信息中的关键特征数据，并在特征数据之间建立逻辑关系。常用的特征数据处理方法主要有特征提取、聚类分析和交互式设计。其中，特征提取是从众多的特征中找出研究目标最有代表性的特征，尽量保持信息的可解释性；聚类分析是指把特征数据进行类群分类，通过定义特征数据之间的相似系数，尽量令群内特征数据相似、群间特征数据相异；交互式设计是可视化检索需要考虑的关键问题，通过在有限的屏幕空间里展示复杂的多层级多分支结构化信息，支持用户在特征数据层级间钻取。

标准是一种规范性文件，目的是为了在一定范围内得到最佳的秩序。很多企业都要遵循一定的标准，然而标准的类别和数量繁多，企业人员在查询时要通过层层筛选，才能获得最终要看的标准内容。而这其中的筛选过程往往是复杂耗时的，若想对标准内容进行对比等操作更是耗时耗力。

为了简化标准的查询，可以将标准文档按照文档结构进行拆分，将整篇文章分为不同层次的小条目，每个条目再细分为不同类型的词组，至此，一篇无结构的标准，便可结构化地存储于数据库中，用户可通过不同字段的匹配来查询，提高查询的速度与效率。但是，对于企业而言，所需查阅的标准数量庞大，从纵向看，有国家标准、行业标准，以及相关企业标准。从横向看，产品或者服务的方方面面，不同的部件或是不同的行为，都有相应的标准。用户要查询的，往往不仅是一条简单的数据指标，还包括同一指标在不同标准中的对比或者同一标准对于不同行为、产品参数的指标，而希望非计算机相关专业的用户自己写出数据库查询语句显然并不现实，因此，需要辅助性的系统，来帮助完成这项功能。

将信息可视化技术应用于标准内容检索中，实现标准信息可视化检索，能够实现用户与标准信息之间的交互，并向用户展示标准信息的内在关联关系，帮助用户以更加直观便捷的方式获取并理解所需的标准信息。

因此，我们探索研究和开发了标准可视化检索系统。通过了解标准信息的数据结构，以及用户在查询标准内容时的查询方式，设计了标准内容查询和属性查询等查询方式，并采用树状图和饼状图来帮助用户进行信息筛选。同时，标准可视化系统也支持对标准内容进行对比等功能，更注重用户体验。

第二节　油气管道标准可视化检索系统设计

油气管道标准可视化系统主要为了实现标准内容的可视化检索，用户可以根据标准化对象或属性名称查找到该标准化对象或属性的全部相关结果，然后借助可视化图表的方式，对标准内容进行层层筛选，最终定位到详细标准内容。通过这样的检索方案，用户能够快速找到关注的内容，从而提高检索的效率。

一、系统模块和功能点

油气管道标准可视化系统总共包含 6 个模块，油气管道标准可视化系统总用例图直观地表现了用户与用例的关系，用户使用本系统，主要就是使用图中所示的 6 个模块，油气管道标准可视化系统总用例如图 4-1 所示。

油气管道标准可视化系统的角色是用户，用户在使用系统的过程中需要不断与检索、查看标准化对象检索结果、查看属性检索结果、查看标准化对象加属性检索结果、相似词推荐和对比这几个模块进行交互。

（1）检索模块（即首页模块）的主要功能是对用户输入或点击的关键词进行解析，并将用户重定位到相关的检索结果页面或者引导页面进行相似词推荐。

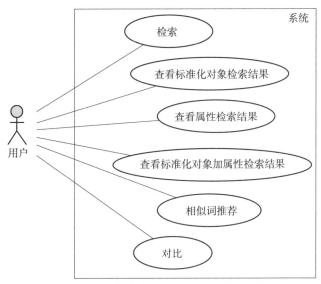

图 4-1　油气管道标准可视化系统总用例

（2）查看标准化对象检索结果模块的主要功能是显示该标准化对象的检索结果，其中包含所属结构图、下级揭示词饼状图、常用下级揭示词力矩图、属性饼状图、常用技术指标力矩图和详细标准内容表格。

（3）查看属性检索结果模块的主要功能是显示该属性的检索结果，其中包含属性所属结构图、下级属性饼状图、常用下级属性力矩图、标准化对象饼状图、常用标准化对象力矩图和详细标准内容表格。

（4）查看标准化对象加属性检索结果模块的主要功能与查看标准化对象检索结果模块大致相同，区别是它将常用技术指标力矩图替换成了用户查询的属性在该标准化对象属性层级中出现的位置信息表格。

（5）相似词推荐模块的主要功能是当用户输入的关键词在系统无法检索到时，会推荐与该关键词最相似的检索词，以帮助用户定位到正确的检索结果页面。

（6）对比模块的主要功能是帮助用户对比详细的标准内容，用户可以在检索结果页面将想要对比的标准内容加入对比栏中，然后可以在对比页面进行标准内容对比。

油气管道标准可视化系统顶层的数据流如图 4-2 所示。

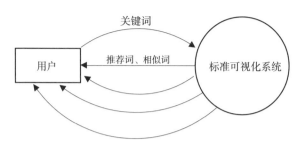

图 4-2　油气管道标准可视化系统顶层数据流

油气管道标准可视化系统一层的数据流如图 4-3 所示。

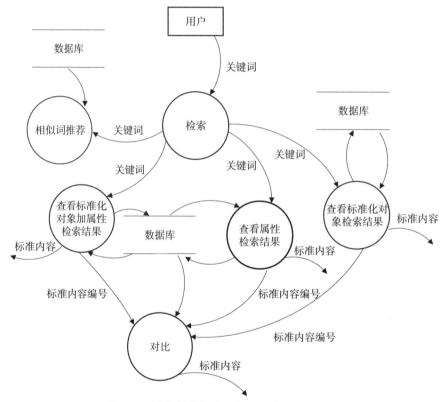

图 4-3　油气管道标准可视化系统一层数据流

二、检索模块

1. 检索模块用例图

检索模块（即首页模块）用例如图 4-4 所示。

2. 检索模块数据流图

检索模块（即首页模块）一层数据流如图 4-5 所示。

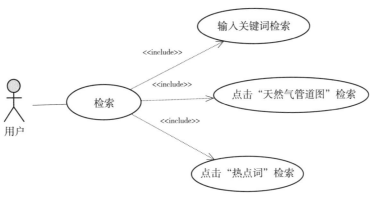

图 4-4 检索模块用例

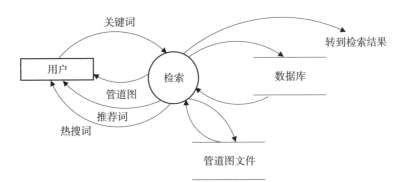

图 4-5 检索模块一层数据流

检索模块（即首页模块）二层数据流如图 4-6 所示。

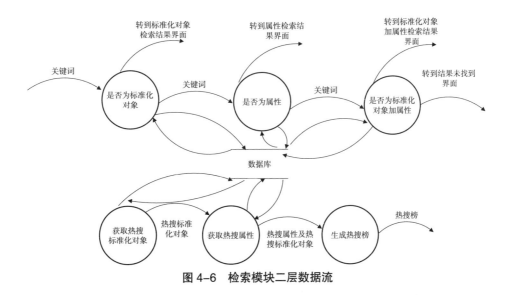

图 4-6 检索模块二层数据流

3.检索模块功能分析

检索模块主要包括 1 个用例，功能是将用户输入的关键词进行解析并重定向到检索结果页面或者结果找不到页面，在检索结果页面用户可以继续进行更深入的查询，在结果找不到页面，系统会根据用户输入的关键词推荐相似关键词供用户选择。

检索用例详细内容描述如表 4-1 所示。

表 4-1　检索用例详细内容描述

用例编号	UC01
用例名称	检索
主要参与者	用户
涉众及其关注点	用户：希望能有方便易用的检索工具，能快速准确地协助其定位到想要检索的关键词，不仅能在其明确关键词的情况下帮助其查询结果，还能向其推荐热点关键词、补全输入的关键词，最好还能提供图形化的检索方式
前置条件	用户登录标准可视化平台
后置条件	成功转到用户查询的关键词的检索结果页面或转到"结果未找到"页面
主成功场景	1.用户进入首页模块； 2.系统显示搜索框、热搜词以及油气管道图； 3.用户通过输入关键词、点击热搜词或点击油气管道图进行检索； 4.系统根据用户输入或点击的关键词自动跳转到检索结果页面； 5.用户查看检索结果
扩展（可选）	*1.用户操作过程中网络断开 a）重新连接网络； b）若用户信息未过期，用户继续使用系统； c）若用户信息已过期，用户重新登录后使用系统。 *2.用户输入的关键词未找到 a）系统跳转到结果未找到页面； b）系统根据用户输入的关键词做近似匹配并为用户推荐关键词； c）用户可点击进入反馈页面进行反馈。 *3.没有获取到热搜词 不显示热搜词。 *4.用户输入的关键词含有非法字符或语句（如 SQL 注入） 跳转到出错页面。 *5.用户未登录直接进入首页 a）提示用户需要登录后才能访问； b）提供给用户登录页面的链接
特殊需求	1.用户界面友好易用，功能使用方便快捷； 2.单次操作反应时间不超过 10s

检索用例可以分为 3 个部分，分别是输入关键词检索、点击油气管道图检索和点击热点词检索。在使用"输入关键词检索"时，用户在输入框中输入想要查询的关键词，在输入过程中会有自动补全提示，根据用户已经输入的内容进行推荐，当用户输入完成后，单击检索按钮，如果输入正确，就会跳转到该关键词对应的检索结果页面。用户还可以通过点击油气管道图或者热点词进行检索，点击后，会直接跳转到用户点击的内容对应的检索结果界面。

三、相似词推荐模块

1. 相似词推荐模块用例

相似词推荐模块的用例如图 4-7 所示。

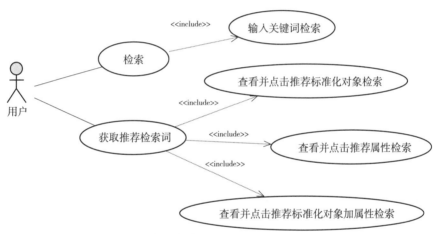

图 4-7　相似词推荐模块用例

2. 相似词推荐模块数据流

相似词推荐模块的一层数据流如图 4-8 所示。

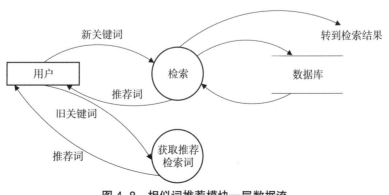

图 4-8　相似词推荐模块一层数据流

相似词推荐模块的二层数据流如图 4-9 所示。

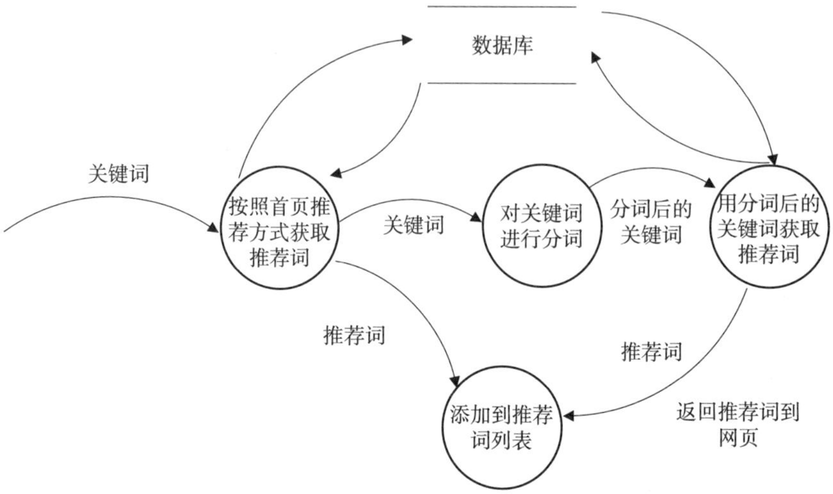

图 4-9　相似词推荐模块二层数据流

3. 相似词推荐模块功能分析

相似词推荐模块主要包含 2 个用例，主要功能是当用户输入的关键词找不到匹配项时，会根据用户输入的关键词推荐相似词供其选择，同时用户还可以直接在相似词推荐页面重新检索其他词，无需回到首页（即检索模块）。

（1）检索用例

检索用例详细描述如表 4-2 所示。

表 4-2　检索用例详细描述

用例编号	UC02
用例名称	检索
主要参与者	用户
涉众及其关注点	用户：希望能在无需返回首页的情况下进行检索，并且能够提供其推荐检索关键词，补全关键词的功能，让用户能快速在多个检索结果之间切换
前置条件	用户登录标准可视化平台
后置条件	成功转到用户查询的关键词的检索结果页面或转到"结果未找到"页面
主功能场景	1. 用户进入检索结果界面； 2. 系统显示搜索框； 3. 用户通过输入关键词进行检索； 4. 系统根据用户输入的关键词自动跳转到检索结果页面； 5. 用户查看检索结果

表 4-2（续）

扩展（可选）	*1.用户操作过程中网络断开 a）重新连接网络； b）若用户信息未过期，用户继续使用系统； c）若用户信息已过期，用户重新登录后使用系统。 *2.用户输入的关键词未找到 a）系统跳转到结果未找到页面； b）系统根据用户输入的关键词做近似匹配并为用户推荐关键词； c）用户可点击进入反馈页面进行反馈。 *3.用户输入的关键词含有非法字符或语句（如 SQL 注入） 跳转到出错页面。 *4.用户未登录直接进入结果未找到页 a）提示用户需要登录后才能访问； b）提供给用户登录页面的链接
特殊需求	1.用户界面友好易用，功能使用方便快捷； 2.单次操作反应时间不超过 10s

（2）获取推荐检索词用例

获取推荐检索词用例详细描述如表 4-3 所示。

表 4-3 获取推荐检索词用例详细描述

用例编号	UC03
用例名称	获取推荐检索词
主要参与者	用户
涉众及其 关注点	用户：希望能在检索不到想要的结果时，系统能够提供推荐关键词供用户选择，推荐的关键词是包含多方面的，既有标准化对象，也有属性，还有标准化对象加属性；推荐的关键词应当最大程度上与用户查询词相匹配，以保证推荐给用户的是其可能想要查询的关键词
前置条件	用户登录标准可视化平台
后置条件	成功获取到相关的推荐关键词或者没有找到相关关键词
主成功场景	1.用户进入结果未找到页面； 2.系统显示根据用户查询的关键词找到的推荐关键词； 3.用户查看推荐关键词； 4.用户找到想要查询的关键词； 5.用户点击该关键词； 6.系统跳转到该关键词对应的检索结果页面

表 4-3（续）

扩展（可选）	*1.用户操作过程中网络断开 a）重新连接网络； b）若用户信息未过期，用户继续使用系统； c）若用户信息已过期，用户重新登录后使用系统。 *2.用户未登录直接进入结果未找到页 a）提示用户需要登录后才能访问； b）提供给用户登录页面的链接
特殊需求	1.用户界面友好易用，功能使用方便快捷； 2.单次操作反应时间不超过 10s

在相似词推荐模块，对于推荐给用户的关键词，被分为了三个部分：第一部分是标准化对象推荐，第二部分是属性推荐，第三部分是标准化对象加属性推荐。用户点击这些推荐词会直接进入该推荐词对应的检索结果页面。

四、对比模块

1. 对比模块用例

对比模块用例如图 4-10 所示。

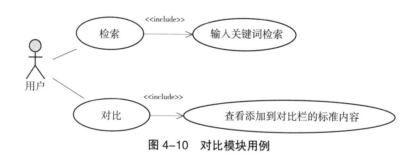

图 4-10　对比模块用例

2. 对比模块数据流

对比模块一层数据流如图 4-11 所示。

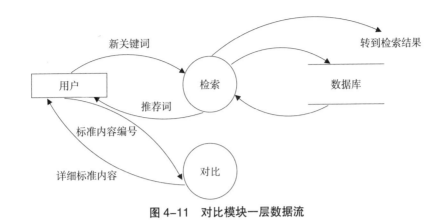

图 4-11　对比模块一层数据流

对比模块二层数据流如图 4-12 所示。

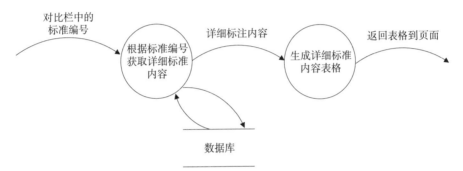

图 4-12　对比模块二层数据流

3.对比模块功能分析

对比模块主要包含 2 个用例，检索功能与相似词推荐模块相同，对比功能让用户能自由对比添加到对比栏的标准内容。

（1）检索用例

检索用例详细描述与表 4-2 所示的用例描述相同。

（2）对比用例

对比用例详细描述如表 4-4 所示。

表 4-4　对比用例详细描述

用例编号	UC04
用例名称	对比标准内容
主要参与者	用户
涉众及其关注点	用户：希望能在一个页面上查看所有添加到对比栏的详细标准内容，表格结构应当清晰明了，以便用户对比标准内容之间的异同
前置条件	用户登录标准可视化平台
后置条件	成功显示全部添加到对比栏的详细标准内容
主成功场景	1. 用户进入对比页面； 2. 系统根据用户之前添加到对比栏的标准内容编号显示这些编号对应的详细标准内容表格； 3. 用户查看详细标准内容表格； 4. 用户对比这些标准内容之间的异同
扩展（可选）	*1. 用户操作过程中网络断开 a）重新连接网络； b）若用户信息未过期，用户继续使用系统； c）若用户信息已过期，用户重新登录后使用系统。 *2. 用户未登录直接进入对比页 a）提示用户需要登录后才能访问； b）提供给用户登录页面的链接。 *3. 用户未向对比栏添加任何内容却打开了对比页面 详细标准内容表格显示为空
特殊需求	1. 用户界面友好易用，功能使用方便快捷； 2. 单次操作反应时间不超过 10s

　　用户进入对比页面后，所有加入对比栏的标准内容条目都会以表格的形式展示出来，表格包含了每个标准条目的标准种类、技术指标、标准内容、正文注释、源标准、引用条款等。

五、标准化对象加属性检索结果模块

1. 标准化对象加属性检索结果模块用例

标准化对象加属性检索结果模块用例，如图 4-13 所示。

2. 标准化对象加属性检索结果模块数据流

标准化对象加属性检索结果模块一层数据流，如图 4-14 所示。

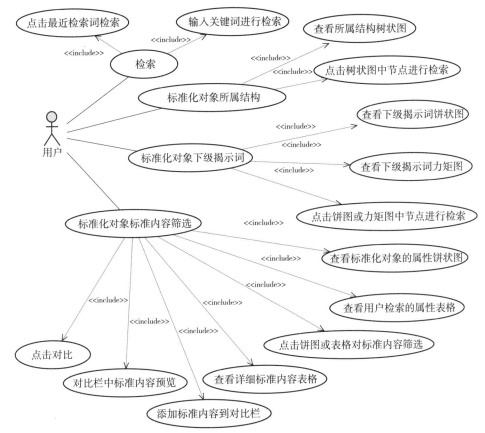

图 4-13　标准化对象加属性检索结果模块用例

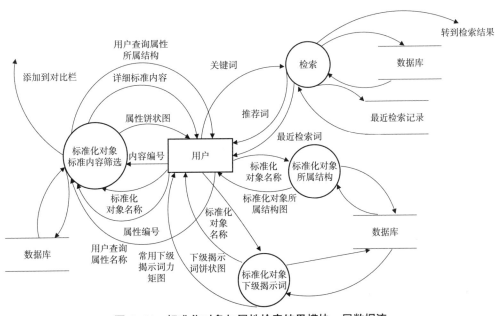

图 4-14　标准化对象加属性检索结果模块一层数据流

标准化对象加属性检索结果模块二层数据流如图 4-15 所示。

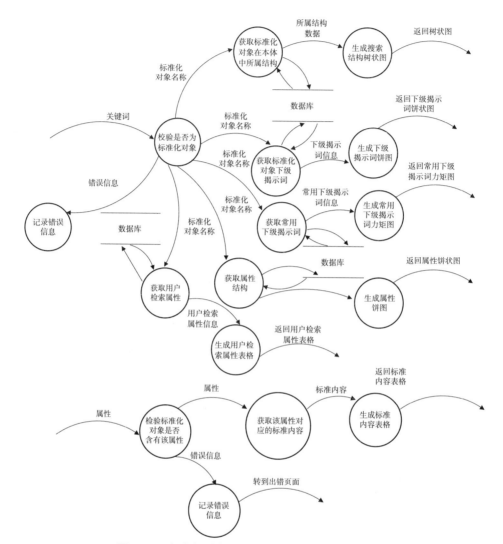

图 4-15 标准化对象加属性检索结果模块二层数据流

3. 标准化对象加属性检索结果模块功能分析

标准化对象加属性检索结果模块主要包含 4 个用例：检索用例、查看标准化对象所属结构用例、查看标准化对象下级揭示词用例和标准化对象标准内容筛选模块用例。利用这些模块，用户能够快速定位到想要了解的标准内容。

（1）检索用例

检索用例详细用例描述与表 4-2 所示用例描述相同。

（2）标准化对象标准内容筛选用例

由于标准化对象加属性检索结果页除了标准化对象标准内容筛选部分与标准化对象检索结果页不同外，其他部分均相同，故以下仅介绍标准内容筛选部分详细用例。标准化对象标准内容筛选用例描述如表 4-5 所示。

表 4-5　标准化对象标准内容筛选用例详细描述

用例编号	
用例名称	标准化对象标准内容筛选
主要参与者	用户
涉众及其关注点	用户：希望能通过点击饼状图的方式，可以查看该标准化对象各个层级的属性，通过查看表格的方式，了解用户查询的属性在该标准化对象所有属性中的所属结构，还可以通过点击饼状图或表格的方式查看点击的属性对应的详细标准内容
前置条件	用户登录标准可视化平台
后置条件	成功显示属性饼状图和用户查询的属性所属结构表格
主成功场景	1. 用户进入标准化对象加属性检索结果页面； 2. 系统显示属性饼状图和用户查询的属性所属结构表格； 3. 用户查看属性饼状图和表格寻找想要查看标准内容的属性； 4. 用户点击饼状图或表格中想要查看的属性； 5. 详细标准内容表格显示用户点击的属性所对应的详细标准内容； 6. 用户查看详细标准内容
扩展（可选）	*1. 用户操作过程中网络断开 a）重新连接网络； b）若用户信息未过期，用户继续使用系统； c）若用户信息已过期，用户重新登录后使用系统。 *2. 用户未登录直接进入标准化对象加属性检索结果页 a）提示用户需要登录后才能访问； b）提供给用户登录页面的链接。 *3. 用户点击的属性暂时没有对应的标准内容 详细标准内容表格显示为空
特殊需求	1. 用户界面友好易用，功能使用方便快捷； 2. 单次操作反应时间不超过 10s

用户通过检索标准化对象加属性进入该检索结果页面，然后系统会显示出用户查询的属性在该标准化对象全部属性中的所属结构，用户可以点击其想查看的结构下的属性，然后系统会以表格的方式将属性对应的标准内容显示出来。

第三节　油气管道标准可视化检索系统功能

一、系统总体功能展示

标准可视化系统主界面如图4-16所示。

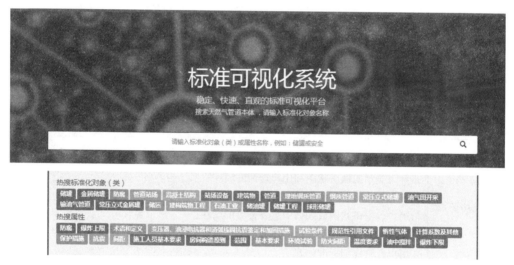

图4-16　可视化系统主界面

用户在系统主界面关键词输入框输入关键词或点击推荐词，即可进入检索结果界面。

检索结果界面如图4-17和图4-18所示。

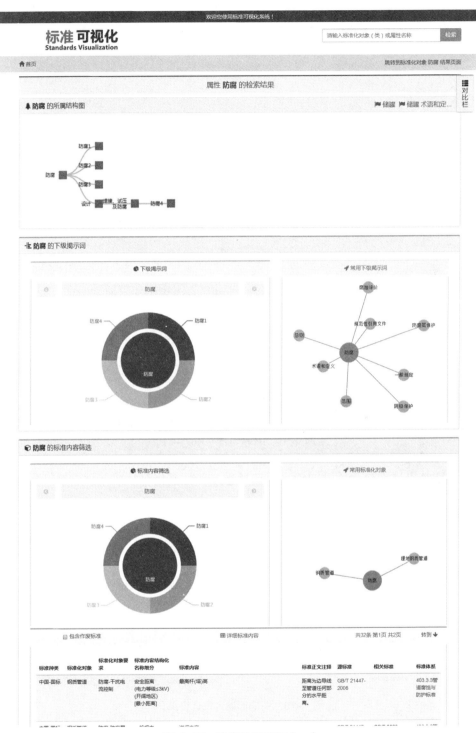

图 4-17 检索结果界面（一）

中国-国标	钢质管道	防腐-健康、安全与环境		1 管道腐蚀控制工程的设计、施工及材料、设备选择等应符合国家有关公众健康、安全与环境保护的现行法规及标准的要求。2 管道腐蚀控制工程产生的各种废气、废水及废渣等物质，应按国家、地方和石油天然气行业环境保护的相关法规要求进行处理。		GB/T 21447-2008	403.3.3 管道腐蚀与防护标准
中国-国标	钢质管道	防腐-术语和定义	屏蔽 [shielding(en)]	阻止或使阴极保护电流偏离其预定的流通路线。		GB/T 21447-2008	403.3.3 管道腐蚀与防护标准
中国-国标	钢质管道	防腐-术语和定义	干扰 [interference(en)]	由于杂散电流的作用而对金属构筑物产生的电扰动。		GB/T 21447-2008	403.3.3 管道腐蚀与防护标准
中国-国标	钢质管道	防腐-术语和定义	保护率 [coverage range of protection(en)]	对所建金属构筑物施加阴极保护后，满足阴极保护准则部分的比率。		GB/T 21447-2008	403.3.3 管道腐蚀与防护标准
中国-国标	钢质管道	防腐-术语和定义	保护度 [degree of protection(en)]	通过保护措施实现的腐蚀损伤减小的百分数。	应考虑到所有存在的腐蚀类型。	GB/T 21447-2008	403.3.3 管道腐蚀与防护标准
中国-国标	钢质管道	防腐-范围		本标准规定了钢质管道(以下简称管道)外腐蚀控制工程设计、施工及管理等应遵循的最低要求。应积极采用新工艺、新材料、新结构、新技术，努力吸收国内外新的科技成果，优化设计，确定经济合理的腐蚀控制方案。		GB/T 21447-2008	403.3.3 管道腐蚀与防护标准

⊙ 上一页   下一页 ⊙

图 4-18　检索结果界面（二）

检索结果界面分为关键词输入及选择部分、标准化对象或属性层级结构部分、标准化对象及属性选择部分、相关标准化对象及属性部分以及检索结果部分等。

二、关键词输入及选择部分

关键词输入及选择部分如图 4-19 所示。用户可以在输入框中输入关键词或点击历史词或相关词进行检索。

图 4-19　关键词输入及选择部分

三、标准化对象或属性层级结构部分

标准化对象或属性层级结构部分如图 4-20 所示。用户可以通过树状图查看或选择关键词的上下级标准化对象或属性。

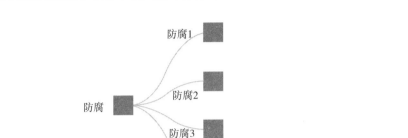

图 4-20　标准化对象或属性层级结构部分

四、标准化对象及属性选择部分

标准化对象及属性选择部分如图 4-21 所示。用户在标准化对象或属性层级结构部分选择标准化对象或属性后，标准化对象及属性选择部分的内容会进行联动，用户可以在此部分选择相关的属性或标准化对象进行检索。

图 4-21　标准化对象及属性选择部分

五、相关标准化对象及属性部分

相关标准化对象及属性部分如图 4-22 所示。相关标准化对象及属性部分会显示与用户所检索关键词相关的标准化对象及属性，用户可以点选了解相关标准内容。

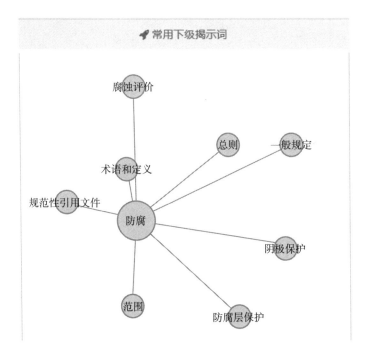

图 4-22　相关标准化对象及属性部分

六、检索结果部分

检索结果部分如图 4-23 所示。用户在检索结果部分可以快速查看标准技术内容和技术指标，并可以通过添加到对比栏，实现对任意标准内容的横向对比，如图 4-24 所示。

标准种类	标准化对象	标准化对象要求	标准内容结构化名称细分	标准内容	标准正文注释	源标准	相关标准	标准体系
	储罐	安全-管理控制要求	施工人员基本要求	1 施工人员应经过专业培训，持证后方可上岗，特殊工种操作应获得国家或行业主管单位颁发的有效证书。2 下述情况的人员禁止从事清罐作业：年龄未满18周岁，有生理缺陷者，患有慢性病		SY/T 6696-2007		
	储罐	安全-管理控制要求	清洗队伍的基本要求	1 具有机械清罐资质。2 主要使用专用机械装置，完成储罐清洗。		SY/T 6696-2007		
	储罐	安全-术语和定义	检修孔 [the hole for repairment(en)]	包括入孔、清扫孔、透光孔等各种工艺的管孔。		SY/T 6696-2007		

图 4-23　检索结果部分

图 4-24　标准内容横向对比

参考文献

［1］崔凌云.标准信息服务的现状及发展展望［J］.航空标准化与质量，2001（5）：9-11.

［2］陈树年.搜索引擎及网络信息资源的分类组织［J］.图书情报工作，2000（4）：31-37.

［3］Smeulders W M，Member S，Worring Met al.Content-based image retrieval at the and of the early years［J］.IEEE transactions on Pattern analysis And Machine，2000，22（12）：1349-1379.

［4］Jones L V，Smyth R L.How to perform a literature search［J］.Current Paediatrics，2004（14）：482-488.

［5］Borst W N.Construction of Engineering OntoIogies for KnowIedge Sharing and Reuse：[dissertation].Enschede：Univ.of Twente，1997.

［6］马张华，侯汉清，薛春香.文献分类法主题法导论.修订版［M］.北京：国家图书馆出版社，2009：2-5.

［7］张向荣，杜佳.知识经济时代标准信息服务模式的创新研究［J］.图书与情报，2009（1）：64-68.

［8］曾红莉，陈家宾.面向个性化服务的船舶标准信息服务系统构建研究［J］.船舶标准化与质量，2016（2）：7-9.

［9］李育嫦.网络信息组织中的分类法与主题法［J］.情报资料工作，2004（3）：31-33.

［10］孙砚.《中图法》与《美国国会图书分类法》之比较［J］.医学信息，2006，19（3）：411-413.

［11］贾宏.网络信息资源组织方法述论［J］.图书馆研究与工作，2003（3）：38-40.

［12］邹婉芬.搜索引擎分类体系分析与评价［J］.图书馆学刊，2004，26（3）：40-41.

［13］孙风梅.主题语言在网络信息组织中的应用［J］.图书馆工作与研究，2008（2）：27-29.

［14］周莉.网络信息资源知识组织与揭示研究［D］.长春：东北师范大学，2006.

［15］吕艺，刘三陵.文献著录与内容揭示分析［J］.图书馆建设，2011（7）：28-30.

［16］Iqbal Q，Aggarwal J K.Retrieval by classification of images containing large manmade objects using perceptual grouping［J］.Pattern Recognition，2002，35（7）：1463-1479.

［17］朱礼军，陶兰，黄赤.语义万维网的概念、方法及应用［J］.计算机工程与应用，2004（3）：79-84.

［18］Studer R，Benjamins V R，FenseI D.KnowIedge Engineering：Principles and Methods［J］.Data and KnowIedge Engineering，1998，25（1-2）：161-197.

［19］郭德华.面向产品的标准信息知识链接构建研究［J］.标准科学，2013（3）：6-9.

［20］甘克勤，马志远，张明.标准文献关联可视化研究与实践［J］.标准科学，2015（1）：34-38.

［21］陈树年.搜索引擎及网络信息资源的分类组织［J］.图书情报工作，2000（4）：31-37.

［22］Veltkamp R C，Tanase M.Content-Based Image Retrieval Systems：A Survey［J］.Department of Computing Science，Univ.of Utrecht，2000.

［23］Ves E de，Domingo J，Ayala G et al.A novel Bayesian framework for relevance feedback in image content-based retrieval systems［J］.Pattern Recognition，2006（39）：1622-1632.

［24］Gudivada VN，Raghavan VV，Content-based image retrieval systems［J］.IEEE Computer，1995（40）：18-22.

［25］Neches R，Fikes R E，Gruber T R et al.Enabling Technology for Knowledge Sharing［J］.AI Magazine，1991，12（3）：36-56.

［26］Gruber T R.A Translation Approach to Portable Ontology Specification［J］.Knowledge Acquisition，1993，5（2）：199-220.

［27］刘冰，田悦，税碧垣，等.油气储运标准研究进展及发展趋势［J］.油气储运，2013（6）：571-577.

［28］薛振奎，白世武，冯斌，等.国内外长输管道标准法规比较手册［M］.北京：中国标准出版社，2008.

［29］付尧.俄罗斯标准化现状［J］.标准化动态，2004（9）：7-28.

［30］陶岚.俄罗斯标准化的变革与发展［J］.航空标准化与质量，2005（1）：51-54.

［31］刘冰，陈洪源，宋飞，等.国内外长输管道标准法规比较手册［M］.北京：石油工业出版社，2010.

［32］马伟平，等.美国油气管道法规和标准体系的管理模式［J］.油气储运，2011，30（1）：5-11.

［33］马伟平，等.国外油气管道法规标准体系管理模式［J］.油气储运，2012，31（1）：48-52.

［34］姚学军，吴张中，等.俄罗斯国家标准体系现状研究［J］.大众标准化，2017（6）：36-41.